Vorwort zur 3. Auflage

Aus dem Vorwort zur 1. Auflage (September 1982)

„Die vorliegende Einführung in die Lineare Algebra entstand durch Überarbeitung von Lückenskripten, die von der Projektgruppe CAT (computer assisted teaching) an der Fachhochschule für Technik Esslingen entwickelt wurden. ...
Bei der Stoffauswahl ließen wir uns von anwendungsrelevanten Gesichtspunkten leiten. Wir haben uns um eine ausführliche und für Anfänger verständliche Darstellung bemüht. Auf strenge Beweisführung wurde bewußt verzichtet. Alle Definitionen und Rechenoperationen werden an Beispielen eingeführt und plausibel gemacht. ...
Der Band Lineare Algebra eignet sich außer zum Gebrauch neben Vorlesungen im Grundstudium auch als Repetitorium für solche Studienanfänger, denen größere Teile des Inhalts bereits bekannt sind. Wegen seiner Ausführlichkeit eignet er sich auch zum Selbststudium. ...“

Für die vorliegende 3. Auflage wurde der Text vollständig überarbeitet. Die Kapitel I: Matrizen 1 und III: Lineare Gleichungssysteme blieben im wesentlichen ungeändert; das Kapitel II: Determinanten wurde erheblich gestrafft. Die restlichen Kapitel wurden völlig neu bearbeitet. Kapitel IV: Matrizen 2 behandelt Inverse Matrizen wesentlich ausführlicher als in den seitherigen Auflagen. Neu ist Kapitel V, in welchem exemplarisch verschiedene Anwendungen der Linearen Algebra zusammengestellt sind.

Besonders wichtig für Studienanfänger erscheinen uns die zahlreichen Beispiele mit ausführlichen Lösungen sowie die neue umfangreichere Aufgabensammlung (mit Ergebnissen). Zur Arbeitserleichterung ist ein ausführliches Register angefügt.

Wir bedanken uns bei Kolleginnen und Kollegen, die die seitherigen Auflagen unseres Skriptes in ihren Vorlesungen eingesetzt haben, für viele wertvolle Anregungen, die in die Neubearbeitung eingeflossen sind. Dankbar sind wir auch für Lob und Kritik von Studierenden, die zeigten, was aus der Sicht des Lesers verbessert werden sollte und wie der Stoff verständlicher dargeboten werden kann; sie haben dadurch nicht unwesentlich zur Verbesserung der Texte und der Aufgabensammlung beigetragen.

Besonders bedanken wir uns bei unserem Kollegen Richard Mohr für die kritische Durchsicht des Manuskripts und für seine Hilfe bei der Erstellung der LaTeX-Druckvorlage.

Esslingen, im April 2000

Eberhard Hohloch
Harro Kümmerer

Inhaltsverzeichnis

I Matrizen 1

1 Begriff und Darstellung einer Matrix

Wir betrachten die Gleichungen

$$\begin{aligned} y_1 &= 5x_1 + 2x_2 + x_3 \\ y_2 &= x_1 \qquad\quad - 6x_3 \end{aligned} \tag{1}$$

Darin hängen die y - Größen y_1, y_2 linear ab von den x - Größen x_1, x_2, x_3 ; zwischen ihnen besteht eine lineare Beziehung. Man kann x_1, x_2, x_3 auffassen als Koordinaten eines dreidimensionalen Vektors $\underline{x}$ und y_1, y_2 als Koordinaten eines zweidimensionalen Vektors $\underline{y}$. Das System der beiden linearen Gleichungen (1) vermittelt also eine Zuordnung oder eine Abbildung

$$\underline{x} \to \underline{y} .$$

Diese Zuordnung wird eindeutig beschrieben durch die Gleichungen (1); sie hängt nur ab von den Koeffizienten der Koordinaten von $\underline{x}$. Man fasst diese Koeffizienten als Zahlenschema zusammen zu einer selbständigen mathematischen Größe und schreibt (1) in der Form

$$\begin{pmatrix} y_1 \\ y_2 \end{pmatrix} = \begin{pmatrix} 5 & 2 & 1 \\ 1 & 0 & -6 \end{pmatrix} \begin{pmatrix} x_1 \\ x_2 \\ x_3 \end{pmatrix} \quad \Longleftrightarrow \quad \underline{y} = \underline{A}\,\underline{x} \tag{2}$$

Dabei fassen wir das Zahlenschema auf als **linearen Operator** $\underline{A}$, der dem Vektor $\underline{x}$ den Vektor $\underline{y}$ zuordnet.

Beispiel 1.1: Welche zweidimensionalen $\underline{y}$ - Vektoren werden durch den Operator $\underline{A}$ aus Gleichung (2) folgenden dreidimensionalen $\underline{x}$ - Vektoren zugeordnet?

$$\underline{x}^{(1)} = \begin{pmatrix} 1 \\ 1 \\ 1 \end{pmatrix} ; \quad \underline{x}^{(2)} = \begin{pmatrix} 2 \\ 0 \\ -3 \end{pmatrix} ; \quad \underline{x}^{(3)} = \begin{pmatrix} 1 \\ -2 \\ 3 \end{pmatrix}$$

Ergebnis:

$$\underline{y}^{(1)} = \begin{pmatrix} 8 \\ -5 \end{pmatrix} ; \quad \underline{y}^{(2)} = \begin{pmatrix} 7 \\ 20 \end{pmatrix} ; \quad \underline{y}^{(3)} = \begin{pmatrix} 4 \\ -17 \end{pmatrix}$$

Besteht allgemein zwischen den Größen $x_1, x_2, \ldots x_n$ und den Größen $y_1, y_2, \ldots y_m$ ein Zusammenhang der Form

$$\begin{array}{lcl} y_1 & = & a_{11}x_1 + a_{12}x_2 + \ldots + a_{1n}x_n \\ y_2 & = & a_{21}x_1 + a_{22}x_2 + \ldots + a_{2n}x_n \\ \ldots & & \ldots\ldots\ldots\ldots\ldots\ldots\ldots \\ y_m & = & a_{m1}x_1 + a_{m2}x_2 + \ldots + a_{mn}x_n \end{array} \tag{3}$$

so liegt eine **lineare Beziehung** vor zwischen $(x_1, x_2, \ldots x_n)$ und $(y_1, y_2, \ldots y_m)$. Der besseren Übersicht wegen verwendet man bei der Bezeichnung der Koeffizienten doppelte Indizes: der Koeffizient

a_{ik} steht in der i.Gleichung (Gleichung für y_i) $i = 1, 2, \ldots m$
an der k. Stelle (Faktor von x_k) $k = 1, 2, \ldots n$

Die Indizes werden nacheinander gesprochen:

a_{11} ... „ a eins eins ", nicht „ a elf " usw.

Übung: Schreiben Sie die i. Gleichung von (3) mit Hilfe des Summenzeichens.

Ergebnis: $y_i = \sum_{k=1}^{n} a_{ik} \cdot x_k$

Die Zuordnung zwischen dem n-Tupel $\underline{x} = (x_1, x_2, \ldots x_n)$ und dem m-Tupel $\underline{y} = (y_1, y_2, \ldots y_m)$ wird vermittelt durch die $m \cdot n$ Koeffizienten a_{ik} ($i = 1, 2, \ldots m$; $k = 1, 2, \ldots n$). Für die weitere Untersuchung solcher linearer Beziehungen ist es zweckmäßig, die Gesamtheit dieser Koeffizienten als selbständige mathematische Größe aufzufassen und sie mit einem eigenen Symbol zu bezeichnen. Die lineare Beziehung (3) schreibt man dann in der Form

$$\begin{pmatrix} y_1 \\ y_2 \\ .. \\ .. \\ y_m \end{pmatrix} = \begin{pmatrix} a_{11} & a_{12} & \ldots & a_{1n} \\ a_{21} & a_{22} & \ldots & a_{2n} \\ \ldots & \ldots & \ldots & \ldots \\ \ldots & \ldots & \ldots & \ldots \\ a_{m1} & a_{m2} & \ldots & a_{mn} \end{pmatrix} \begin{pmatrix} x_1 \\ x_2 \\ .. \\ .. \\ x_n \end{pmatrix} \tag{4a}$$

bzw. in abgekürzter Schreibweise

$$\underline{y} = \underline{A}\,\underline{x} \tag{4b}$$

$\underline{A}$ ist dabei ein **linearer Operator**, der dem n-Tupel (dem n-dimensionalen Vektor) $\underline{x}$ das m-Tupel (den m-dimensionalen Vektor) $\underline{y}$ zuordnet: „ $\underline{A}$ angewandt auf $\underline{x}$ ergibt $\underline{y}$ ".

Definition: Matrix

Ein rechteckiges Zahlenschema aus m Zeilen (Horizontalreihen) und n Spalten (Vertikalreihen) heißt eine **(m,n) - Matrix** (Mehrzahl: Matrizen)

$$\underline{A} = (a_{ik}) = \begin{pmatrix} a_{11} & a_{12} & \ldots\ldots & a_{1n} \\ a_{21} & a_{22} & \ldots\ldots & a_{2n} \\ \ldots & \ldots & \ldots\ldots & \ldots \\ \ldots & \ldots & \ldots\ldots & \ldots \\ a_{m1} & a_{m2} & \ldots\ldots & a_{mn} \end{pmatrix} \tag{5}$$

Die Zahlen a_{ik} heißen **Elemente der Matrix**. Der erste Index i gibt die Zeile, der zweite Index k gibt die Spalte an, in denen das Element a_{ik} steht. i heißt **Zeilenindex**, k heißt **Spaltenindex**.

Schreibweisen: $\underline{A}$, $\underline{A}_{(m,n)}$, (a_{ik}) , $(a_{ik})_{(m,n)}$

Beispiel 1.2: Die Koeffizientenmatrix des Gleichungssystems (2) ist eine (2,3) - Matrix. Lesen Sie die Elemente a_{12} , a_{22} , a_{23} ab.

Ergebnis: $a_{12} = 2$; $a_{22} = 0$; $a_{23} = -6$

2 Bezeichnungen - Sonderfälle

Eine (n,n) - Matrix, mit gleich viel Zeilen wie Spalten (ein quadratisches Zahlenschema) nennt man eine **quadratische Matrix** der Ordnung n. Die Elemente $a_{11}, a_{22} \ldots$, bei denen also Zeilenindex und Spaltenindex übereinstimmen, heißen Elemente der **Hauptdiagonalen** der Matrix.

Eine quadratische (n,n)-Matrix, bei der alle Elemente außerhalb der Hauptdiagonale Null sind ($a_{ik} = 0$ für $i \neq k$), heißt **Diagonalmatrix** der Ordnung n.

Eine Diagonalmatrix der Ordnung n, deren (nicht verschwindende) Elemente alle 1 sind ($a_{ii} = 1$), heißt **Einheitsmatrix** der Ordnung n (andere Bezeichnungen: Einsmatrix, Identitätsmatrix). Wir bezeichnen Einheitsmatrizen im Folgenden mit $\underline{E}$ bzw. $\underline{E}_n$.

Eine Diagonalmatrix, deren (nicht verschwindende) Elemente alle gleich sind ($a_{ii} = c$), heißt eine **Skalarmatrix**.

Beispiel 1.3: Für Ordnung 3:

$$\begin{pmatrix} 1 & 0 & 0 \\ 0 & 2 & 0 \\ 0 & 0 & 3 \end{pmatrix} \qquad \begin{pmatrix} 5 & 0 & 0 \\ 0 & 5 & 0 \\ 0 & 0 & 5 \end{pmatrix} \qquad \begin{pmatrix} 1 & 0 & 0 \\ 0 & 1 & 0 \\ 0 & 0 & 1 \end{pmatrix} = \underline{E}_{(3,3)} = \underline{E}_3$$

Diagonalmatrix Skalarmatrix Einheitsmatrix

Eine Matrix kann auch aus einer einzigen Zeile oder Spalte bestehen. Zum Beispiel steht in (4a) rechts die Spalte der Elemente $x_1, x_2 \dots x_n$, also eine $(n, 1)$ - Matrix; entsprechend steht auf der linken Seite von (2) die $(2, 1)$ - Matrix mit den Elementen y_1, y_2. Solche einspaltigen $(p, 1)$ - Matrizen und einzeiligen $(1, q)$ - Matrizen sind von großer Bedeutung. Es ist deshalb sinnvoll, sie gesondert zu kennzeichnen. Wir bezeichnen sie mit kleinen unterstrichenen Buchstaben $\underline{x}$, $\underline{y}$ ..., falls nötig mit zusätzlicher Angabe der Ordnung $(p, 1)$ bzw. $(1, q)$. Einspaltige Matrizen $\underline{x}_{(p,1)}$ nennt man (p - dimensionale) **Spaltenvektoren**, einzeilige Matrizen $\underline{y}_{(1,q)}$ nennt man (q - dimensionale) **Zeilenvektoren**.

Es erweist sich als zweckmäßig, noch die (m, n) - **Nullmatrix** $\underline{O}$ bzw. $\underline{O}_{(m,n)}$ zu definieren, als diejenige (m, n) - Matrix, deren Elemente alle gleich Null sind.

Reelle Zahlen ergeben sich im Rahmen der Matrizenrechnung als (1,1) - Matrizen.

Matrizen sind nach Definition (5) abstrakte mathematische Gebilde. Sie sind in vielen Bereichen der Mathematik, der Technik und der Wirtschaftswissenschaften ein wichtiges mathematisches Hilfsmittel.

Beispiel 1.4

a) Systeme von linearen Gleichungen

Ist ein System von 2 linearen Gleichungen für 2 Unbekannte x_1, x_2 gegeben, z.B.

$$\left\{ \begin{aligned} 2x_1 + 3x_2 &= 1 \\ -4x_1 + 2x_2 &= 3 \end{aligned} \right\} \Longleftrightarrow \begin{pmatrix} 2 & 3 \\ -4 & 2 \end{pmatrix} \begin{pmatrix} x_1 \\ x_2 \end{pmatrix} = \begin{pmatrix} 1 \\ 3 \end{pmatrix}$$

dann sind alle wesentlichen Informationen enthalten in den beiden Matrizen

$$\underline{A} = \begin{pmatrix} 2 & 3 \\ -4 & 2 \end{pmatrix} \quad \text{und} \quad \underline{b} = \begin{pmatrix} 1 \\ 3 \end{pmatrix}$$

b) Lineare Abbildungen

Spiegelt man den Punkt $P(x_p/y_p)$ an der y-Achse, so erhält man den Punkt $P^*(-x_p/y_p)$; diese Abbildung lässt sich in Matrixform wie folgt darstellen

$$\begin{pmatrix} -1 & 0 \\ 0 & 1 \end{pmatrix} \begin{pmatrix} x_p \\ y_p \end{pmatrix} = \begin{pmatrix} -x_p \\ y_p \end{pmatrix}$$

Die Matrix $\underline{A} = \begin{pmatrix} -1 & 0 \\ 0 & 1 \end{pmatrix}$ vermittelt also die Spiegelung von Punkten (bzw. ihrer Ortsvektoren) der x, y-Ebene an der y-Achse.

c) Produktion, Kostenrechnung, Lagerhaltung

In 2 Betrieben B_1, B_2 werden auf 3 Maschinen M_1, M_2, M_3 Produkte hergestellt. Die monatlich erzeugten Stückzahlen kann man in einer **Produktionsmatrix** $\underline{P}_1$ zusammenfassen:

	M_1	M_2	M_3
B_1	50	100	80
B_2	55	90	110

$$\longleftrightarrow \quad \underline{P}_1 = \begin{pmatrix} 50 & 100 & 80 \\ 55 & 90 & 110 \end{pmatrix}$$

3 Rechnen mit Matrizen

Im Folgenden werden „sinnvolle" algebraische Rechenoperationen für Matrizen definiert und an einfachen Beispielen erläutert. Da man Vektoren als einspaltige Matrizen auffassen kann, müssen diese Rechenoperationen mit den entsprechenden Regeln der elementaren Vektorrechnung verträglich sein.

3.1 Gleichheit von Matrizen

Definition: Gleichheit von Matrizen

Zwei Matrizen $\underline{A}$, $\underline{B}$ bzw. genauer $\underline{A}_{(m,n)}$, $\underline{B}_{(p,q)}$ sind genau dann gleich, wenn sie dieselbe Anzahl von Zeilen und Spalten haben (d.h. vom selben Typ sind) und wenn alle entsprechenden Elemente übereinstimmen:

$$\underline{A}_{(m,n)} = \underline{B}_{(p,q)} \quad \Longleftrightarrow \quad \left\{ \begin{array}{l} m = p\,, \quad n = q \\ \\ a_{ik} = b_{ik} \quad \text{für alle } i \text{ und } k \end{array} \right\} \tag{6}$$

3.2 Multiplikation einer Matrix mit einer reellen Zahl (Skalar-Multiplikation, S-Multiplikation)

Beispiel 1.5: Möchte man in den Betrieben aus Beispiel 1.4c einen Überblick über die vierteljährliche Produktion bekommen, so erhält man (unter der Annahme konstanter monatlicher Produktion) die Produktionsmatrix $\underline{P}_3$, indem man die Matrix $\underline{P}_1$ mit der reellen Zahl 3 elementweise multipliziert:

$$\underline{P}_3 = 3 \cdot \underline{P}_1 = 3 \cdot \begin{pmatrix} 50 & 100 & 80 \\ 55 & 90 & 110 \end{pmatrix} = \begin{pmatrix} 150 & 300 & 240 \\ 165 & 270 & 330 \end{pmatrix}$$

Definition: Multiplikation mit einer reellen Zahl (S-Multiplikation)

Eine Matrix $\underline{A}$ wird mit einem Skalar p (d.h. mit einer reellen Zahl p) multipliziert, indem man alle Elemente von $\underline{A}$ mit p multipliziert:

$$p\underline{A} = p(a_{ik}) = (p \cdot a_{ik}) \tag{7}$$

Da die Multiplikation einer Matrix mit einer reellen Zahl **elementweise** durchgeführt wird, gelten offensichtlich folgende Rechenregeln:

Rechenregeln der S - Multiplikation:

$$\begin{array}{|lll|} \hline 1.\ p \cdot \underline{A} & = & \underline{A} \cdot p \\ 2.\ p(q \cdot \underline{A}) & = & (p \cdot q)\underline{A} \\ 3.\ 0 \cdot \underline{A} & = & \underline{O} \\ \hline \end{array} \tag{8}$$

3.3 Addition von Matrizen

Beispiel 1.6: Zwei Betriebe A und B haben in den 4 Quartalen I, II, III, IV folgenden Verbrauch an Materialien M_1, M_2, M_3

Betrieb A:

	M_1	M_2	M_3
I	8	4	13
II	10	5	11
III	9	3	12
IV	12	4	18

$$\longleftrightarrow \quad \underline{A} = \begin{pmatrix} 8 & 4 & 13 \\ 10 & 5 & 11 \\ 9 & 3 & 12 \\ 12 & 4 & 18 \end{pmatrix}$$

Betrieb B:

	M_1	M_2	M_3
I	10	6	16
II	12	8	12
III	8	5	13
IV	13	4	17

$$\longleftrightarrow \quad \underline{B} = \begin{pmatrix} 10 & 6 & 16 \\ 12 & 8 & 12 \\ 8 & 5 & 13 \\ 13 & 4 & 17 \end{pmatrix}$$

Den Gesamtverbrauch in beiden Betrieben erhält man durch Addition der beiden Verbrauchsmatrizen:

$$\underline{S} = \underline{A} + \underline{B} = \begin{pmatrix} 8 & 4 & 13 \\ 10 & 5 & 11 \\ 9 & 3 & 12 \\ 12 & 4 & 18 \end{pmatrix} + \begin{pmatrix} 10 & 6 & 16 \\ 12 & 8 & 12 \\ 8 & 5 & 13 \\ 13 & 4 & 17 \end{pmatrix} = \begin{pmatrix} 18 & 10 & 29 \\ 22 & 13 & 23 \\ 17 & 8 & 25 \\ 25 & 8 & 35 \end{pmatrix}$$

Entsprechend gibt die Differenz der beiden Verbrauchsmatrizen Auskunft über den unterschiedlichen Verbrauch in den beiden Betrieben:

$$\underline{D} = \underline{A} - \underline{B} = \begin{pmatrix} 8 & 4 & 13 \\ 10 & 5 & 11 \\ 9 & 3 & 12 \\ 12 & 4 & 18 \end{pmatrix} - \begin{pmatrix} 10 & 6 & 16 \\ 12 & 8 & 12 \\ 8 & 5 & 13 \\ 13 & 4 & 17 \end{pmatrix} = \begin{pmatrix} -2 & -2 & -3 \\ -2 & -3 & -1 \\ 1 & -2 & -1 \\ -1 & 0 & 1 \end{pmatrix}$$

Definition: Addition von Matrizen

Zwei Matrizen derselben Form (m, n) werden addiert, indem man ihre entsprechenden Elemente addiert (elementweise Addition):

$$\underline{A}_{(m,n)} + \underline{B}_{(m,n)} = \underline{C}_{(m,n)} \iff (a_{ik} + b_{ik})_{(m,n)} = (c_{ik})_{(m,n)} \quad (9)$$

Entsprechend wird auch die **Subtraktion** von Matrizen elementweise definiert.

Rechenregeln der Matrizen-Addition:

$$\begin{array}{|lll|} \hline 1. & \underline{A} + \underline{B} & = \underline{B} + \underline{A} \\ 2. & (\underline{A} + \underline{B}) + \underline{C} & = \underline{A} + (\underline{B} + \underline{C}) = \underline{A} + \underline{B} + \underline{C} \\ 3. & \underline{A} + \underline{O} & = \underline{A} \\ 4. & \underline{A} + (-\underline{A}) & = \underline{O} \\ 5. & p(\underline{A} + \underline{B}) & = p\underline{A} + p\underline{B} \\ 6. & (p + q)\underline{A} & = p\underline{A} + q\underline{A} \\ \hline \end{array} \quad (10)$$

Diese Rechenregeln haben natürlich nur dann einen Sinn, wenn die betrachteten Matrizen dieselbe Form haben. Ihre Gültigkeit folgt dann unmittelbar aus den entsprechenden Rechengesetzen für reelle Zahlen. In den beiden letzten Rechenregeln sind p und q reelle Zahlen.

Beispiel 1.7: $$2\begin{pmatrix} 1 & -1 \\ 2 & 3 \\ 0 & 1 \end{pmatrix} + \begin{pmatrix} 0 & 2 \\ 1 & 0 \\ -3 & -1 \end{pmatrix} - \frac{1}{2}\begin{pmatrix} 4 & 2 \\ 0 & -6 \\ 2 & 0 \end{pmatrix} = \begin{pmatrix} 0 & -1 \\ 5 & 9 \\ -4 & 1 \end{pmatrix}$$

3.4 Multiplikation von Matrizen

a) Zur Motivation

Wir betrachten die zwei linearen Gleichungen

$$\begin{aligned} z &= ay \quad \text{... Zuordnung } y \to z \\ y &= bx \quad \text{... Zuordnung } x \to y \end{aligned} \quad (11)$$

Offenbar besteht dann auch ein linearer Zusammenhang zwischen x und z. Setzt man die beiden Gleichungen (11) ineinander ein, so erhält man diesen Zusammenhang direkt in der Form

$$z = (a \cdot b)x \quad \ldots \quad \text{Zuordnung} \quad x \to z \tag{12}$$

Der Koeffizient der zusammengesetzten linearen Beziehung ist also einfach das **Produkt** $a \cdot b$.

Dieses Verfahren soll jetzt auf lineare Beziehungen in Matrix-Form

$$\underline{z} = \underline{A}\,\underline{y} \;; \qquad \underline{y} = \underline{B}\,\underline{x} \tag{13}$$

verallgemeinert werden.

Gegeben: $\underline{y} \to \underline{z}$: $\underline{z} = \underline{A}\,\underline{y}$; $\underline{x} \to \underline{y}$: $\underline{y} = \underline{B}\,\underline{x}$

Gesucht: $\underline{x} \to \underline{z}$: $\underline{z} = \underline{C}\,\underline{x}$; Frage: $\underline{C} = ?$

Durch formales Einsetzen ergibt sich aus (13)

$$\underline{z} = \underline{A} \cdot (\underline{B}\,\underline{x}) = (\underline{A} \cdot \underline{B})\,\underline{x} \;; \qquad \text{also} \quad \underline{C} = \underline{A} \cdot \underline{B} \tag{14}$$

In dieser Gleichung tritt ein „Matrizenprodukt" $\underline{A} \cdot \underline{B}$ auf, ganz entsprechend dem Koeffizientenprodukt $a \cdot b$ in (12). Die Matrizenmultiplikation beschreibt also die Verknüpfung zweier linearer Beziehungen nach folgendem Schema:

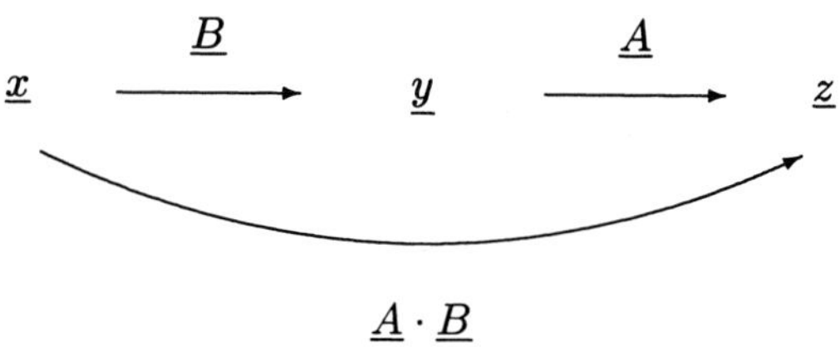

(15)

b) Einführendes Beispiel

Wir veranschaulichen uns die Entstehung dieses Matrizenprodukts $\underline{A} \cdot \underline{B}$ an folgenden linearen Beziehungen

$$\begin{aligned} z_1 &= 2y_1 + 3y_2 - y_3 \\ z_2 &= 4y_1 - 2y_2 + 2y_3 \end{aligned} \tag{16}$$

$$\begin{aligned} y_1 &= 5x_1 + 2x_2 + x_3 \\ y_2 &= x_1 + x_2 - 6x_3 \\ y_3 &= 2x_1 + 3x_2 + 2x_3 \end{aligned} \tag{17}$$

bzw. in Matrixschreibweise

$$\begin{pmatrix} z_1 \\ z_2 \end{pmatrix} = \begin{pmatrix} 2 & 3 & -1 \\ 4 & -2 & 2 \end{pmatrix} \begin{pmatrix} y_1 \\ y_2 \\ y_3 \end{pmatrix} \quad \Longleftrightarrow \quad \underline{z} = \underline{A}\ \underline{y}$$

$$\begin{pmatrix} y_1 \\ y_2 \\ y_3 \end{pmatrix} = \begin{pmatrix} 5 & 2 & 1 \\ 1 & 1 & -6 \\ 2 & 3 & 2 \end{pmatrix} \begin{pmatrix} x_1 \\ x_2 \\ x_3 \end{pmatrix} \quad \Longleftrightarrow \quad \underline{y} = \underline{B}\ \underline{x}$$

Einsetzen von (16) in (17) liefert

$$\begin{aligned} z_1 &= 2 \cdot (5x_1 + 2x_2 + x_3) + 3 \cdot (x_1 + x_2 - 6x_3) + (-1) \cdot (2x_1 + 3x_2 + 2x_3) \\ &= (2 \cdot 5 + 3 \cdot 1 - 1 \cdot 2)x_1 + (2 \cdot 2 + 3 \cdot 1 - 1 \cdot 3)x_2 + (2 \cdot 1 - 3 \cdot 6 - 1 \cdot 2)x_3 \\ &= 11x_1 + 4x_2 - 18x \end{aligned}$$

$$\begin{aligned} z_2 &= 4 \cdot (5x_1 + 2x_2 + x_3) - 2 \cdot (x_1 + x_2 - 6x_3) + 2 \cdot (2x_1 + 3x_2 + 2x_3) \\ &= (4 \cdot 5 - 2 \cdot 1 + 2 \cdot 2)x_1 + (4 \cdot 2 - 2 \cdot 1 + 2 \cdot 3)x_2 + (4 \cdot 1 + 2 \cdot 6 + 2 \cdot 2)x_3 \\ &= 22x_1 + 12x_2 + 20x_3 \end{aligned}$$

Zwischen $\underline{x}$ und $\underline{z}$ besteht also ein Zusammenhang der Form

$$\begin{pmatrix} z_1 \\ z_2 \end{pmatrix} = \begin{pmatrix} 11 & 4 & -18 \\ 22 & 12 & 20 \end{pmatrix} \begin{pmatrix} x_1 \\ x_2 \\ x_3 \end{pmatrix} \quad \Longleftrightarrow \quad \underline{z} = \underline{C}\ \underline{x} \qquad (18)$$

Für die Produktmatrix $\underline{C}$ gilt dabei ausführlicher

$$\underline{C} = \underline{A} \cdot \underline{B} = \begin{pmatrix} 2 & 3 & -1 \\ 4 & -2 & 2 \end{pmatrix} \cdot \begin{pmatrix} 5 & 2 & 1 \\ 1 & 1 & -6 \\ 2 & 3 & 2 \end{pmatrix} = \begin{pmatrix} 11 & 4 & -18 \\ 22 & 12 & 20 \end{pmatrix}$$

Die Elemente der Matrix $\underline{C}$ lassen sich als **Skalarprodukte** der Zeilenvektoren von $\underline{A}$ mit den Spaltenvektoren von $\underline{B}$ deuten (s. Band 3: Vektorrechnung):

$c_{11} =$ 1. Zeile von $\underline{A}$ · 1. Spalte von $\underline{B}$

$c_{12} =$ 1. Zeile von $\underline{A}$ · 2. Spalte von $\underline{B}$

....

$c_{23} =$ 2. Zeile von $\underline{A}$ · 3. Spalte von $\underline{B}$

Die Produktmatrix $\underline{A} \cdot \underline{B}$ berechnet man (bei Rechnung von Hand) am einfachsten im sogenannten **Falk-Schema:**

			5	2	1
			1	1	−6
			2	3	2
2	3	−1	$2\cdot 5+3\cdot 1-1\cdot 2$	$2\cdot 2+3\cdot 1-1\cdot 3$	$2\cdot 1-3\cdot 6+-1\cdot 2$
4	−2	2	$4\cdot 5-2\cdot 1+2\cdot 2$	$4\cdot 2-2\cdot 1+2\cdot 3$	$4\cdot 1+2\cdot 6+2\cdot 2$

Man schreibt dabei den ersten Faktor $\underline{A}$ in den 3. Quadranten, den zweiten Faktor $\underline{B}$ in den 1. Quadranten eines Achsenkreuzes. Die Elemente der Produktmatrix $\underline{A}\cdot\underline{B}$ erhält man dann im 4. Quadranten, indem man die Skalarprodukte der Zeilen von $\underline{A}$ mit den Spalten von $\underline{B}$ am jeweiligen Schnittpunkt der Zeile von $\underline{A}$ mit der Spalte von $\underline{B}$ einträgt:

Falk - Schema:

	$\underline{B}$ ↓
$\underline{A}$ ⟶	$\underline{A}\cdot\underline{B}$

c) Allgemeine Definition

Aus der Vektorrechnung ist das Skalarprodukt nur für Vektoren mit zwei oder drei Koordinaten (= Zahlenpaare oder Zahlentripel) bekannt; es lässt sich aber ohne Schwierigkeiten auf beliebige n - Tupel verallgemeinern.

<u>Definition</u>: Skalarprodukt zweier n Tupel

Unter dem Skalarprodukt zweier n - Tupel $(a_1, a_2, \ldots a_n)$ und $(b_1, b_2, \ldots b_n)$ versteht man den Ausdruck

$$a_1b_1+a_2b_2+\ \ldots\ +a_nb_n \qquad (19)$$

Die Rechenvorschrift zur Ermittlung der **Produktmatrix** $\underline{C}=\underline{A}\cdot\underline{B}$ übertragen wir aus unserem einführenden Beispiel:

1. $\underline{A}$ und $\underline{B}$ im Falk-Schema anschreiben:
   erster Faktor $\underline{A}$ links unten, zweiter Faktor $\underline{B}$ rechts oben
2. Skalarprodukte bilden aus Zeilenvektoren von $\underline{A}$ und Spaltenvektoren von $\underline{B}$:

   $c_{ik} =$ i. Zeile von $\underline{A}$ · k. Spalte von $\underline{B}$
3. c_{ik} an der Schnittstelle der i. Zeile von $\underline{A}$ mit der k. Spalte von $\underline{B}$ im Falk-Schema anschreiben.

Das Matrizenprodukt $\underline{C} = \underline{A} \cdot \underline{B}$ existiert offenbar genau dann, wenn die Skalarprodukte (Zeile von $\underline{A}$) · (Spalte von $\underline{B}$) gebildet werden können. Dazu muss die Anzahl der Elemente in den Zeilen von $\underline{A}$ (= Spaltenzahl von $\underline{A}$) übereinstimmen mit der Anzahl der Elemente in den Spalten von $\underline{B}$ (= Zeilenzahl von $\underline{B}$); die Zeilenzahl der Produktmatrix $\underline{C}$ stimmt dann überein mit der Zeilenzahl des ersten Faktors $\underline{A}$, ihre Spaltenzahl stimmt überein mit der Spaltenzahl des zweiten Faktors $\underline{B}$.

Definition: Matrizenmultiplikation

Für zwei Matrizen $\underline{A}$ und $\underline{B}$ ist die Produktmatrix $\underline{C} = \underline{A} \cdot \underline{B}$ genau dann erklärt, wenn die Spaltenzahl von $\underline{A}$ übereinstimmt mit der Zeilenzahl von $\underline{B}$; $\underline{C}$ besitzt dieselbe Zeilenzahl wie $\underline{A}$ und dieselbe Spaltenzahl wie $\underline{B}$:

$$\underline{A}_{(m,n)} \cdot \underline{B}_{(n,q)} = \underline{C}_{(m,q)} \tag{20}$$

Dabei ist c_{ik} das **Skalarprodukt** des i. Zeilenvektors von $\underline{A}$ mit dem k. Spaltenvektor von $\underline{B}$:

$$c_{ik} = a_{i1}b_{1k} + a_{i2}b_{2k} + \ldots + a_{in}b_{nk} \qquad \left\{ \begin{array}{l} i = 1, 2 \ldots m \\ k = 1, 2 \ldots q \end{array} \right\} \tag{21}$$

Übung: Schreiben Sie (21) mit Hilfe des Summenzeichens.

Ergebnis: $c_{ik} = \sum_{j=1}^{n} a_{ij} \cdot b_{jk}$

Beispiel 1.8: Gegeben sind verschiedene Matrixformen. Welche Form hat die jeweilige Produktmatrix?

$\underline{A}$	$\underline{B}$	$\Longrightarrow$	$\underline{A} \cdot \underline{B}$
$(2,3)$	$(3,4)$	$\Longrightarrow$	$(2,4)$
$(5,2)$	$(2,3)$	$\Longrightarrow$	$(5,3)$
$(3,4)$	$(3,4)$	$\Longrightarrow$	nicht definiert

d) Folgerungen und ergänzende Beispiele

1. Reihenfolge der Faktoren beim Matrizenprodukt

Im einführenden Beispiel der Gleichungen (16) und (17) haben die Matrizen die Form $\underline{A}_{(2,3)}$ und $\underline{B}_{(3,3)}$, für die Produkte gilt also

$$\underline{A}_{(2,3)} \cdot \underline{B}_{(3,3)} = \underline{C}_{(2,3)}$$

$$\underline{B}_{(3,3)} \cdot \underline{A}_{(2,3)} \quad \text{nicht definiert}$$

Das Produkt $\underline{A} \cdot \underline{B}$ kann existieren, ohne dass das „vertauschte" Produkt $\underline{B} \cdot \underline{A}$ überhaupt definiert ist.

Beispiel 1.9: Gegeben sind zwei Matrizen

$$\underline{A} = \begin{pmatrix} 1 & -2 & 3 \\ -4 & 2 & 5 \end{pmatrix} \; ; \quad \underline{B} = \begin{pmatrix} 1 & 3 \\ -1 & 0 \\ 2 & 4 \end{pmatrix}$$

In diesem Fall sind offenbar beide Produktmatrizen $\underline{A} \cdot \underline{B}$ und $\underline{B} \cdot \underline{A}$ definiert:

$$\left.\begin{array}{rcl} \underline{A}_{(2,3)} \cdot \underline{B}_{(3,2)} & = & \underline{C}_{(2,2)} \\ \underline{B}_{(3,2)} \cdot \underline{A}_{(2,3)} & = & \underline{D}_{(3,3)} \end{array}\right. \quad \Longrightarrow \quad \underline{C}_{(2,2)} \neq \underline{D}_{(3,3)}$$

Die beiden Produktmatrizen sind quadratische Matrizen unterschiedlicher Ordnung. Obwohl in diesem Beispiel beide Produkte existieren, gilt also

$$\underline{A} \cdot \underline{B} \neq \underline{B} \cdot \underline{A}$$

Übung: Berechnen Sie in Beispiel 1.9: $\underline{C} = \underline{A} \cdot \underline{B}$ und $\underline{D} = \underline{B} \cdot \underline{A}$

Ergebnis: $\underline{C} = \begin{pmatrix} 9 & 15 \\ 4 & 8 \end{pmatrix} \; ; \quad \underline{D} = \begin{pmatrix} -11 & 4 & 18 \\ -1 & 2 & -3 \\ -14 & 4 & 26 \end{pmatrix}$

Verallgemeinert man das Ergebnis aus Beispiel 1.9, so gilt

$$\left.\begin{array}{rcl} \underline{A}_{(m,n)} \cdot \underline{B}_{(n,m)} & = & (\underline{A} \cdot \underline{B})_{(m,m)} \\ \underline{B}_{(n,m)} \cdot \underline{A}_{(m,n)} & = & (\underline{B} \cdot \underline{A})_{(n,n)} \end{array}\right. \quad \Longrightarrow \quad \underline{A} \cdot \underline{B} \neq \underline{B} \cdot \underline{A} \quad \text{für } m \neq n$$

In diesem Fall existieren also beide Produkte, sie haben aber verschiedene Form und sind daher sicher nicht gleich.

$\underline{A} \cdot \underline{B}$ und $\underline{B} \cdot \underline{A}$ **können also nur dann gleich sein**, wenn die beiden Matrizen $\underline{A}$ und $\underline{B}$ quadratische Matrizen derselben Ordnung sind; beide Produktmatrizen sind dann ebenfalls quadratisch mit der gleichen Ordnung.

Beispiel 1.10: Produkte quadratischer Matrizen

Gegeben sind die $(2, 2)$ - Matrizen

$$\underline{A} = \begin{pmatrix} 1 & 1 \\ 0 & 1 \end{pmatrix} \; ; \quad \underline{B} = \begin{pmatrix} 1 & 0 \\ 0 & -1 \end{pmatrix} \; ; \quad \underline{C} = \begin{pmatrix} 2 & 0 \\ 0 & 2 \end{pmatrix}$$

a) $\underline{A} \cdot \underline{B} = \begin{pmatrix} 1 & -1 \\ 0 & -1 \end{pmatrix}$; $\underline{B} \cdot \underline{A} = \begin{pmatrix} 1 & 1 \\ 0 & -1 \end{pmatrix}$ also $\underline{A} \cdot \underline{B} \neq \underline{B} \cdot \underline{A}$

b) $\underline{A} \cdot \underline{C} = \begin{pmatrix} 2 & 2 \\ 0 & 2 \end{pmatrix}$; $\underline{C} \cdot \underline{A} = \begin{pmatrix} 2 & 2 \\ 0 & 2 \end{pmatrix}$ also $\underline{A} \cdot \underline{C} = \underline{C} \cdot \underline{A}$

Beispiel 1.10a zeigt, dass auch für quadratische Matrizen der gleichen Ordnung im Allgemeinen $\underline{A} \cdot \underline{B} \neq \underline{B} \cdot \underline{A}$ ist. Beispiel 1.10b zeigt jedoch, dass es quadratische Matrizen gibt, für die bei der Produktbildung die Reihenfolge keine Rolle spielt, die also miteinander vertauschbar sind (sogenannte **kommutierende Matrizen**).

Bemerkung: Da beim Matrizenprodukt die Reihenfolge der Faktoren wesentlich ist, ist folgende Sprechweise nützlich:

Beim Produkt $\underline{A} \cdot \underline{B}$ sagt man

$\underline{B}$ wird mit $\underline{A}$ von links multipliziert
$\underline{A}$ wird mit $\underline{B}$ von rechts multipliziert

Übung: Zeigen Sie, dass Diagonalmatrizen derselben Ordnung miteinander vertauschbar sind.

2. Multiplikation mit Einheits- und Diagonalmatrizen

Beispiel 1.11: Betrachtet man die Matrizen

$$\underline{A}_{(3,3)} = \begin{pmatrix} a_{11} & a_{12} & a_{13} \\ a_{21} & a_{22} & a_{23} \\ a_{31} & a_{32} & a_{33} \end{pmatrix} \quad \text{und} \quad \underline{E}_{(3,3)} = \begin{pmatrix} 1 & 0 & 0 \\ 0 & 1 & 0 \\ 0 & 0 & 1 \end{pmatrix}$$

so erkennt man am zugehörigen Falk-Schema sofort folgende Eigenschaft der Einheitsmatrix $\underline{E}_{(3,3)}$:

$$\underline{A}_{(3,3)} \cdot \underline{E}_{(3,3)} = \underline{E}_{(3,3)} \cdot \underline{A}_{(3,3)} = \underline{A}_{(3,3)}$$

Diese Eigenschaft der Einheitsmatrix ist offenbar unabhängig von der Ordnung: Multipliziert man eine quadratische Matrix $\underline{A}$ der Ordnung n mit der Einheitsmatrix $\underline{E}$ der gleichen Ordnung von links oder von rechts, so bleibt $\underline{A}$ unverändert.

Beispiel 1.12: Gegeben sind eine Matrix vom Typ $\underline{A}_{(2,3)}$ und zwei Diagonalmatrizen $\underline{D1}_{(2,2)}$ und $\underline{D2}_{(3,3)}$.

$$\underline{A}_{(2,3)} = \begin{pmatrix} 1 & -2 & 4 \\ -1 & 3 & 1 \end{pmatrix} ; \quad \underline{D1}_{(2,2)} = \begin{pmatrix} 2 & 0 \\ 0 & 3 \end{pmatrix} ; \quad \underline{D2}_{(3,3)} = \begin{pmatrix} 2 & 0 & 0 \\ 0 & 3 & 0 \\ 0 & 0 & -1 \end{pmatrix}$$

Es sind zwei Produkte von $\underline{A}$ mit den Diagonalmatrizen möglich:

a)

$$\begin{array}{r|r|l} & \begin{matrix} 1 & -2 & 4 \\ -1 & 3 & 1 \end{matrix} & \underline{A} \\ \hline \underline{D1}: \begin{matrix} 2 & 0 \\ 0 & 3 \end{matrix} & \begin{matrix} 2 & -4 & 8 \\ -3 & 9 & 3 \end{matrix} & \underline{D1} \cdot \underline{A} \end{array} \quad \Longrightarrow \quad \underline{D1} \cdot \underline{A} = \begin{pmatrix} 2 & -4 & 8 \\ -3 & 9 & 3 \end{pmatrix}$$

b)

$$\begin{array}{r|r|l} & \begin{matrix} 2 & 0 & 0 \\ 0 & 3 & 0 \\ 0 & 0 & -1 \end{matrix} & \underline{D2} \\ \hline \underline{A}: \begin{matrix} 1 & -2 & 4 \\ -1 & 3 & 1 \end{matrix} & \begin{matrix} 2 & -6 & -4 \\ -2 & 9 & -1 \end{matrix} & \underline{A} \cdot \underline{D2} \end{array} \quad \Longrightarrow \quad \underline{A} \cdot \underline{D2} = \begin{pmatrix} 2 & -6 & -4 \\ -2 & 9 & -1 \end{pmatrix}$$

In Beispiel 1.12a werden bei der Multiplikation von $\underline{A}$ mit der Diagonalmatrix $\underline{D1}$ von links offenbar alle Elemente der ersten (zweiten) Zeile von $\underline{A}$ mit dem ersten (zweiten) Element der Diagonalmatrix $\underline{D1}$ multipliziert; in Beispiel 1.12b gelten bei der Multiplikation mit der Diagonalmatrix $\underline{D2}$ von rechts entsprechende Aussagen für die Spalten von $\underline{A}$.

3. Multiplikation mit Zeilen- und Spaltenvektoren

Die Matrizenmultiplikation kann auch in den Sonderfällen durchgeführt werden, dass einer der Faktoren (oder beide) nur aus einer Zeile oder einer Spalte besteht.

Beispiel 1.13:

$$\underline{A}_{(3,3)} = \begin{pmatrix} 3 & 4 & 2 \\ 6 & 0 & -1 \\ -5 & 2 & 1 \end{pmatrix} \; ; \quad \underline{a}_{(3,1)} = \begin{pmatrix} 1 \\ 3 \\ 2 \end{pmatrix}$$

$$\Longrightarrow \quad \underline{A}_{(3,3)} \cdot \underline{a}_{(3,1)} = \underline{b}_{(3,1)} = \begin{pmatrix} 19 \\ 4 \\ 3 \end{pmatrix}$$

Beispiel 1.14:

$$\underline{c}_{(1,3)} = \begin{pmatrix} 3 & 6 & 1 \end{pmatrix} \; ; \quad \underline{d}_{(3,1)} = \begin{pmatrix} 1 \\ 2 \\ 4 \end{pmatrix}$$

In diesem Fall existieren beide Produkte $\underline{c}_{(1,3)} \cdot \underline{d}_{(3,1)}$ und $\underline{d}_{(3,1)} \cdot \underline{c}_{(1,3)}$:

$$\underline{c}_{(1,3)} \cdot \underline{d}_{(3,1)} = \underline{e}_{(1,1)} = \begin{pmatrix} 19 \end{pmatrix}$$

$$d_{(3,1)} \cdot \underline{c}_{(1,3)} = \underline{F}(3,3 = \begin{pmatrix} 3 & 6 & 1 \\ 6 & 12 & 2 \\ 12 & 24 & 4 \end{pmatrix}$$

Nachträglich wird damit auch die abgekürzte Schreibweise (2) des Gleichungssystems (1) gerechtfertigt: die formale Operatorschreibweise auf der rechten Seite von (2) („$\underline{A}$ angewandt auf $\underline{x}$") erweist sich als Sonderfall der Matrizenmultiplikation:

$$(2) \iff \underline{y}_{(2,1)} = \underline{A}_{(2,3)} \cdot \underline{x}_{(3,1)}$$

entsprechend lautet (4b) ausführlicher

$$(4b) \iff \underline{y}_{(m,1)} = \underline{A}_{(m,n)} \cdot \underline{x}_{(n,1)}$$

4. Sonderfall: Produktmatrix ist eine Nullmatrix

Beispiel 1.15:

$$\underline{A} = \begin{pmatrix} 1 & 1 \\ 2 & 2 \end{pmatrix}; \quad \underline{B} = \begin{pmatrix} -1 & 1 \\ 1 & -1 \end{pmatrix} \Longrightarrow \underline{A} \cdot \underline{B} = \begin{pmatrix} 0 & 0 \\ 0 & 0 \end{pmatrix} = \underline{O}$$

Aus $\underline{A} \cdot \underline{B} = \underline{O}$ folgt also **nicht notwendig** $\underline{A} = \underline{O}$ oder $\underline{B} = \underline{O}$.

Rechenregeln der Matrizenmultiplikation

Die folgenden Rechenregeln haben natürlich nur einen Sinn, wenn bei den darin auftretenden Summen und Produkten Zeilen- und Spaltenzahl der Matrizen miteinander verträglich sind!

1. $(p\underline{A}) \cdot \underline{B} = \underline{A} \cdot (p\underline{B}) = p(\underline{A} \cdot \underline{B})$; $p \in R$
2. $\underline{A} \cdot \underline{B} \neq \underline{B} \cdot \underline{A}$ (im Allgemeinen; vgl. Bsp.1.10b)
3. $(\underline{A} \cdot \underline{B}) \cdot \underline{C} = \underline{A} \cdot (\underline{B} \cdot \underline{C}) = \underline{A} \cdot \underline{B} \cdot \underline{C}$
4. $\underline{A} \cdot (\underline{B} + \underline{C}) = \underline{A} \cdot \underline{B} + \underline{A} \cdot \underline{C}$

   $(\underline{A} + \underline{B}) \cdot \underline{C} = \underline{A} \cdot \underline{C} + \underline{B} \cdot \underline{C}$
5. $\underline{A}_{(n,n)} \cdot \underline{E}_n = \underline{E}_n \cdot \underline{A}_{(n,n)} = \underline{A}_{(n,n)}$

(22)

Übung: Bestätigen Sie die Gültigkeit des Assoziativgesetzes der Multiplikation (22.3) für folgende Matrizen:

$$\underline{A} = \begin{pmatrix} 1 & 0 & -2 \\ -2 & 3 & 0 \end{pmatrix} \; ; \quad \underline{B} = \begin{pmatrix} 0 & 1 & -2 \\ -2 & 3 & 0 \\ -1 & -3 & 2 \end{pmatrix} \; ; \quad \underline{C} = \begin{pmatrix} 1 & 0 \\ 0 & -2 \\ -4 & 3 \end{pmatrix}$$

3.5 Transponieren einer Matrix

In den Anwendungen ist es häufig notwendig, im Zahlenschema der Matrix $\underline{A}$ Zeilen und Spalten zu vertauschen.

Definition: Transponieren einer Matrix

Aus der (m,n)-Matrix $\underline{A}$ entsteht durch Vertauschen von Zeilen und Spalten die zu $\underline{A}$ transponierte (n,m)-Matrix $\underline{A}^T$

$$\underline{A} = (a_{ik})_{(m,n)} \Longrightarrow \underline{A}^T = (a_{ki})_{(n,m)} \tag{23}$$

Beim Transponieren werden alle Elemente der Hauptdiagonalen (= alle Elemente, bei denen Zeilen- und Spaltenindex übereinstimmen) beibehalten und die restlichen Elemente an der Hauptdiagonalen gespiegelt.

Beispiel 1.16:

a) $\underline{A} = \begin{pmatrix} 5 & -8 & 1 \\ 4 & 0 & 0 \end{pmatrix} \quad \Longrightarrow \quad \underline{A}^T = \begin{pmatrix} 5 & 4 \\ -8 & 0 \\ 1 & 0 \end{pmatrix}$

b) $\underline{b} = \begin{pmatrix} 7 & -5 & 2 \end{pmatrix} \quad \Longrightarrow \quad \underline{b}^T = \begin{pmatrix} 7 \\ -5 \\ 2 \end{pmatrix}$

Beispiel 1.17:

Gegeben sind zwei Spaltenvektoren $\underline{a} = \begin{pmatrix} a_x \\ a_y \\ a_z \end{pmatrix} \; ; \quad \underline{b} = \begin{pmatrix} b_x \\ b_y \\ b_z \end{pmatrix}$

Bilden Sie die Produkte a) $\underline{a}^T \cdot \underline{b}$; b) $\underline{a} \cdot \underline{b}^T$

Lösung:

a) $\underline{a}^T \cdot \underline{b} = a_x b_x + a_y b_y + a_z bz$

b) $\underline{a} \cdot \underline{b}^T = \begin{pmatrix} a_x b_x & a_x b_y & a_x b_z \\ a_y b_x & a_y b_y & a_y b_z \\ a_z b_x & a_z b_y & a_z b_z \end{pmatrix}$

Bemerkung zu Beispiel 1.17a: Das **Skalarprodukt** zweier Vektoren ist darstellbar als ein spezielles Matrizenprodukt (s. Band 3: Vektorrechnung).

Rechenregeln für transponierte Matrizen

$$\begin{array}{|lll|}\hline 1. & (\underline{A}+\underline{B})^T & = \underline{A}^T + \underline{B}^T \\ 2. & (\underline{A}^T)^T & = \underline{A} \\ 3. & (\underline{A}\cdot\underline{B})^T & = \underline{B}^T \cdot \underline{A}^T \\ \hline \end{array} \qquad (24)$$

Übung: Bestätigen Sie die Gültigkeit von (24.3) für die Matrizen

$\underline{A} = \begin{pmatrix} 2 & 3 \\ 4 & -1 \\ 1 & 0 \end{pmatrix}$; $\underline{B} = \begin{pmatrix} 1 & 2 \\ 0 & -3 \end{pmatrix}$

4 Spezielle Matrizen

4.1 Symmetrische und schiefsymmetrische Matrizen

Definition:

a) Eine quadratische Matrix $\underline{A}$ heißt **symmetrisch,** falls

$$\underline{A}^T = \underline{A} \qquad \text{d.h.} \qquad a_{ik} = a_{ki} \qquad \left\{ \begin{array}{c} i = 1,2 \ldots n \\ k = 1,2 \ldots n \end{array} \right\} \qquad (25)$$

b) Eine quadratische Matrix $\underline{A}$ heißt **schiefsymmetrisch,** falls

$$\underline{A}^T = -\underline{A} \qquad \text{d.h.} \qquad a_{ik} = -a_{ki} \qquad \left\{ \begin{array}{c} i = 1,2 \ldots n \\ k = 1,2 \ldots n \end{array} \right\} \qquad (26)$$

Aus der Forderung $a_{ik} = -a_{ki}$ in der Definitionsgleichung (26) folgt für den Sonderfall $i = k$

$$a_{ii} = -a_{ii} \quad \Longleftrightarrow \quad a_{ii} = 0 \quad \text{für alle} \quad i = 1, 2 \dots n \; ;$$

Die Hauptdiagonale einer schiefsymmetrischen Matrix enthält nur Nullen.

Beispiel 1.18:

$$\underline{A} = \begin{pmatrix} -3 & 1 & 5 \\ 1 & 0 & -2 \\ 5 & -2 & 4 \end{pmatrix} \qquad \text{symmetrisch}$$

$$\underline{B} = \begin{pmatrix} 0 & -4 & 1 \\ 4 & 0 & -5 \\ -1 & 5 & 0 \end{pmatrix} \qquad \text{schiefsymmetrisch}$$

Zerlegungssatz:

Jede quadratische Matrix $\underline{A}$ lässt sich eindeutig darstellen als Summe einer **symmetrischen Matrix $\underline{R}$** und einer **schiefsymmetrischen Matrix $\underline{S}$** :

$$\underline{A} = \underline{R} + \underline{S} \quad \text{mit} \quad \underline{R} = \frac{1}{2}(\underline{A} + \underline{A}^T) \quad \text{und} \quad \underline{S} = \frac{1}{2}(\underline{A} - \underline{A}^T) \tag{27}$$

Übung: Zerlegen Sie die Matrix $\underline{A} = \begin{pmatrix} 2 & 3 \\ 5 & -1 \end{pmatrix}$ in ihren symmetrischen Anteil $\underline{R}$ und ihren schiefsymmetrischen Anteil $\underline{S}$.

Ergebnis: $\underline{R} = \begin{pmatrix} 2 & 4 \\ 4 & -1 \end{pmatrix}$; $\underline{S} = \begin{pmatrix} 0 & -1 \\ 1 & 0 \end{pmatrix}$

4.2 Dreiecksmatrizen und Bandmatrizen

Für die Anwendungen, vor allem bei großen Gleichungssystemen, sind Matrizen wichtig, die viele Nullen enthalten (sogenannte schwach besetzte Matrizen oder Sparse-Matrizen). Folgende Bezeichnungen für die wichtigsten Sonderfälle sind üblich:

Eine quadratische Matrix, die unterhalb der Hauptdiagonalen nur Nullen enthält, heißt **obere Dreiecksmatrix**; entsprechend heißt eine quadratische Matrix, die oberhalb der Hauptdiagonalen nur Nullen enthält **untere Dreiecksmatrix.**

Beispiel 1.19: $\underline{T_1} = \begin{pmatrix} 1 & 2 & 4 & 1 \\ 0 & -2 & 0 & -2 \\ 0 & 0 & 3 & 5 \\ 0 & 0 & 0 & -4 \end{pmatrix}$ $\underline{T_2} = \begin{pmatrix} 1 & 0 & 0 \\ -2 & 3 & 0 \\ 5 & 1 & 2 \end{pmatrix}$

obere Dreiecksmatrix untere Dreiecksmatrix

Matrizen, die nur in der Umgebung der Hauptdiagonale Elemente ungleich Null besitzen, heißen **Matrizen mit Bandstruktur** oder kürzer **Bandmatrizen.**

Beispiel 1.20: $\underline{B} = \begin{pmatrix} 2 & 1 & 0 & 0 & 0 \\ 3 & 2 & 4 & 0 & 0 \\ 0 & 2 & 3 & 1 & 0 \\ 0 & 0 & 1 & 5 & 2 \\ 0 & 0 & 0 & 2 & 3 \end{pmatrix}$

Da nur drei „Diagonalen" der Matrix $\underline{B}$ in Beispiel 1.20 wesentlich sind, nennt man diese spezielle Bandmatrix eine **Tridiagonalmatrix** (der Ordnung 5).

Solche Bandmatrizen spielen bei der Behandlung großer Gleichungssysteme eine wichtige Rolle. Zur Speicherung aller Elemente einer $(100, 100)$–Matrix benötigt man z.B. 10 000 Speicherplätze; zur Speicherung aller von Null verschiedenen Elemente einer 100-reihigen Tridiagonalmatrix braucht man dagegen nur 300 Plätze.

II Determinanten

1 Zweireihige Determinanten (D. 2. Ordnung)

Zweireihige Determinanten oder Determinanten 2. Ordnung treten auf bei der Untersuchung von Systemen von 2 linearen Gleichungen mit 2 Unbekannten.

$$\begin{aligned} a_{11}x_1 + a_{12}x_2 &= b_1 \\ a_{21}x_1 + a_{22}x_2 &= b_2 \end{aligned} \quad \Longleftrightarrow \quad \underline{A}\cdot\underline{x} = \underline{b} \tag{28}$$

Solche Systeme werden im Folgenden als (2,2) - Systeme bezeichnet. Dabei sind x_1, x_2 die Unbekannten, a_{ik} und b_i gegebene Zahlen. Von den Doppelindizes der Koeffizienten a_{ik} gibt der erste die Zeile, der zweite die Spalte des Elements a_{ik} in der Matrix an:

a_{ik} ist in der i. Gleichung der Koeffizient der k. Unbekannten

z.B. a_{21}: Koeffizient in der 2. Zeile (2. Gleichung)
in der 1. Spalte (1. Unbekannte)

Das Gleichungssystem (28) lässt sich durch Elimination jeweils einer der beiden Unbekannten lösen. Multipliziert man die 1. Gleichung mit a_{22}, die 2. Gleichung mit $(-a_{12})$ und addiert die entstehenden Gleichungen, so erhält man

$$(a_{11}a_{22} - a_{21}a_{12})\cdot x_1 = b_1a_{22} - b_2a_{12}$$

Entsprechend ergibt sich, wenn man die 1. Gleichung mit $(-a_{21})$ und die 2. Gleichung mit a_{11} multipliziert und die entstehenden Gleichungen addiert

$$(a_{11}a_{22} - a_{21}a_{12})\cdot x_2 = b_2a_{11} - b_1a_{21}$$

Falls $(a_{11}a_{22} - a_{21}a_{12}) \neq 0$ ist, erhält man aus diesen Gleichungen die Lösung des Gleichungssystems (28) in der Form

$$x_1 = \frac{b_1a_{22} - b_2a_{12}}{a_{11}a_{22} - a_{21}a_{12}} \qquad x_2 = \frac{b_2a_{11} - b_1a_{21}}{a_{11}a_{22} - a_{21}a_{12}} \tag{29}$$

Dabei steht im Nenner jeweils derselbe Ausdruck. Diesen schreibt man abgekürzt in der Form

$$D = \begin{vmatrix} a_{11} & a_{12} \\ a_{21} & a_{22} \end{vmatrix} = a_{11}a_{22} - a_{21}a_{12}$$

und nennt D Determinante der Koeffizientenmatrix $\underline{A}$.

Definition: Zweireihige Determinante (D. zweiter Ordnung)

Unter der Determinante einer (2,2) - Matrix versteht man den Ausdruck

$$D = \det \underline{A} = \begin{vmatrix} a_{11} & a_{12} \\ a_{21} & a_{22} \end{vmatrix} = a_{11}a_{22} - a_{21}a_{12} \qquad (30)$$

Schreibweise:

Matrix $\underline{A}$ **Zahlenschema** in Klammern

det $\underline{A}$ Zahlenschema in senkrechten Strichen; **Zahlenwert!**

Jeder (2,2) - Matrix, also jedem quadratischen Zahlenschema wird durch (30) als Determinante ein **Zahlenwert** zugeordnet.

In Worten lautet die **Rechenvorschrift für zweireihige Determinanten**:

Produkt der Glieder in der Hauptdiagonalen minus Produkt der Glieder in der Nebendiagonalen (Hauptdiagonale von links oben nach rechts unten, Nebendiagonale von rechts oben nach links unten).

Auch die Zähler in den allgemeinen Lösungsformeln (29) kann man als Determinanten schreiben:

$$D_1 = \begin{vmatrix} b_1 & a_{12} \\ b_2 & a_{22} \end{vmatrix} \; ; \qquad D_2 = \begin{vmatrix} a_{11} & b_1 \\ a_{21} & b_2 \end{vmatrix} \qquad (31)$$

Cramer-Regel (n = 2):

Die Lösungen des Gleichungssystems (28) erhält man als Quotienten von zweireihigen Determinanten (Voraussetzung $D \neq 0$)

$$\boxed{x_1 = \frac{D_1}{D} \; ; \qquad x_2 = \frac{D_2}{D}} \qquad (32)$$

D ist die Koeffizientendeterminante; D_1 entsteht aus D, indem man in D die 1. Spalte durch die rechte Seite des Gleichungssystems ersetzt; entsprechend erhält man D_2 aus D durch Einsetzen der rechten Seite des Gleichungssystems in die 2. Spalte von D.

Beispiel 2.1: Lösen Sie mit der Cramerschen Regel

$$\begin{aligned} 3x_1 + 4x_2 &= -5 \\ 2x_1 - 3x_2 &= 7 \end{aligned}$$

Lösung:

$$D = \begin{vmatrix} 3 & 4 \\ 2 & -3 \end{vmatrix} = -17 \; ; \quad D_1 = \begin{vmatrix} -5 & 4 \\ 7 & -3 \end{vmatrix} = -13 \; ; \quad D_2 = \begin{vmatrix} 3 & -5 \\ 2 & 7 \end{vmatrix} = 31$$

$$\Longrightarrow \qquad x_1 = \frac{13}{17} \; ; \qquad x_2 = -\frac{31}{17}$$

Übung:

a) Untersuchen Sie die Gleichungssysteme mit Hilfe von Determinanten

a1) $7x_1 - 5x_2 = 15$, $5x_1 - 7x_2 = -3$ a2) $2x_1 - 4x_2 = 6$, $3x_1 - 6x_2 = 9$ a3) $3x_1 + 4x_2 = 5$, $6x_1 + 8x_2 = 7$

Ergebnis:

a1) $D = -24,\ D_1 = -120,\ D_2 = -96 \Longrightarrow x_1 = 5,\ x_2 = 4$
es existiert eine eindeutige Lösung.

a2) $D = D_1 = D_2 = 0$; beide Gleichungen sind äquivalent
es gibt ∞ viele Lösungen (alle Punkte der Geraden $2x_1 - 4x_2 = 6$)

a3) $D = 0;\ D_1 = 12,\ D_2 = -9$: keine Lösung. Widerspruch zu $D \cdot x_1 = D_1$ und $D \cdot x_2 = D_2$ (geometrisch: 2 parallele Geraden)

b) Beweisen Sie im Anschluss an die Beispiele aus Teil a) folgende

Kriterien zur Lösbarkeit des allgemeinen (2,2)-Systems:

1.	$D \neq 0$	$\Longrightarrow$	genau eine Lösung
2.	$D = D_1 = D_2 = 0$	$\Longrightarrow$	unendlich viele Lösungen
3.	$D = 0$; D_1 und D_2 nicht beide Null	$\Longrightarrow$	keine Lösung (Widerspruch)

(33)

Hinweis zu Fall 3: Bei der Herleitung der Cramer-Regel ergeben sich die Zwischengleichungen

$$D \cdot x_1 = D_1 \quad \text{und} \quad D \cdot x_2 = D_2$$

Geometrische Interpretation von (33): Lineare Gleichungen in den beiden Unbekannten x_1 und x_2 beschreiben in der x_1, x_2-Ebene Geraden. Der 1. Fall entspricht zwei sich schneidenden Geraden; die eindeutige Lösung des Gleichungssystems liefert ihren Schnittpunkt. Im 2. Fall sind beide linearen Gleichungen äquivalent (sie unterscheiden sich nur durch einen konstanten Faktor): beide Gleichungen beschreiben dieselbe Gerade. Im 3. Fall handelt es sich um zwei parallele (voneinander verschiedene) Geraden.

2 Determinanten 3. und höherer Ordnung

2.1 Determinanten 3. Ordnung (3-reihige Determinanten)

Bei der Lösung des (3,3)-Gleichungssystems

$$\begin{aligned} a_{11}x_1 + a_{12}x_2 + a_{13}x_3 &= b_1 \\ a_{21}x_1 + a_{22}x_2 + a_{23}x_3 &= b_2 \\ a_{31}x_1 + a_{32}x_2 + a_{33}x_3 &= b_3 \end{aligned} \qquad \Longleftrightarrow \qquad \underline{A}\cdot\underline{x} = \underline{b} \tag{34}$$

erhält man nach einigen Zwischenrechnungen für die Unbekannten x_1, x_2, x_3 Ausdrücke der Form

$$x_1 = \frac{D_1}{D} \;; \qquad x_2 = \frac{D_2}{D} \;; \qquad x_3 = \frac{D_3}{D} \tag{35}$$

Der gemeinsame Term im Nenner lautet ausführlich

$$\begin{aligned} D &= a_{11}a_{22}a_{33} + a_{12}a_{23}a_{31} + a_{13}a_{21}a_{32} \\ &\quad - a_{13}a_{22}a_{31} - a_{11}a_{23}a_{32} - a_{12}a_{21}a_{33} \end{aligned} \tag{36}$$

Auf die Zählerterme D_1, D_2, D_3 wird hier zunächst noch nicht eingegangen. Ähnlich wie in den allgemeinen Lösungsformeln (32) der Cramerschen Regel zur Lösung des (2,2)-Systems, bezeichnet man den Nenner D als Determinante der Koeffizientenmatrix; genauer spricht man bei einem (3,3)-System von einer dreireihigen Determinante bzw. von einer Determinante 3. Ordnung.

Definition: Determinante 3. Ordnung (3-reihige Determinante)

Unter der Determinante einer (3,3)-Matrix versteht man den Ausdruck

$$\begin{aligned} D &= \det \underline{A} = \begin{vmatrix} a_{11} & a_{12} & a_{13} \\ a_{21} & a_{22} & a_{23} \\ a_{31} & a_{32} & a_{33} \end{vmatrix} \\ &= a_{11}a_{22}a_{33} + a_{12}a_{23}a_{31} + a_{13}a_{21}a_{32} \\ &\quad - a_{13}a_{22}a_{31} - a_{11}a_{23}a_{32} - a_{12}a_{21}a_{33} \end{aligned} \tag{37}$$

Die explizite Berechnungsformel für die dreireihige Determinante in der Definitionsgleichung (37) ist für die praktische Berechnung von Hand nicht sehr geeignet. Wir versuchen deshalb, diesen Ausdruck so umzuformen, dass sich eine einprägsame Form ergibt.

Der Ausdruck für D in (37) besteht aus 6 Summanden; jeder Summand ist ein Produkt aus drei Faktoren, wobei aus jeder Zeile und jeder Spalte von $\underline{A}$ immer genau ein Faktor stammt. Aufgrund dieser Bauart kann man also etwa die

Elemente der 1. Zeile a_{11}, a_{12}, a_{13} aus jeweils zwei verschiedenen Summanden ausklammern:

$$D = a_{11}(a_{22}a_{33} - a_{23}a_{32}) - a_{12}(a_{21}a_{33} - a_{31}a_{23}) + a_{13}(a_{21}a_{32} - a_{22}a_{31}) \tag{38a}$$

Mit Hilfe von 2-reihigen Determinanten geht dieser Ausdruck über in eine relativ einfache Formel zur Berechnung der Determinante D:

$$D = a_{11}\begin{vmatrix} a_{22} & a_{23} \\ a_{32} & a_{33} \end{vmatrix} - a_{12}\begin{vmatrix} a_{21} & a_{23} \\ a_{31} & a_{33} \end{vmatrix} + a_{13}\begin{vmatrix} a_{21} & a_{22} \\ a_{31} & a_{32} \end{vmatrix} \tag{38b}$$

Die Berechnung einer 3-reihigen Determinante ist damit im Wesentlichen zurückgeführt auf die Berechnung von drei 2-reihigen Determinanten. (38) ist eine Darstellung von D, in welcher die Elemente der 1. Zeile eine ausgezeichnete Rolle spielen; man bezeichnet diese Rechenvorschrift deshalb als **Entwicklung der Determinante nach der 1. Zeile.**

Wegen der Bauart der ausführlichen Berechnungsformel in (37) kann man statt der Elemente der 1. Zeile auch die Elemente einer anderen Zeile oder Spalte ausklammern. Klammert man z.B. die Elemente der 2. Spalte a_{12}, a_{22}, a_{32} aus, so erhält man

$$D = -a_{12}(a_{21}a_{33} - a_{23}a_{31}) + a_{22}(a_{11}a_{33} - a_{13}a_{31}) - a_{32}(a_{11}a_{23} - a_{21}a_{13})$$

bzw. unter Verwendung von 2-reihigen Determinanten

$$D = -a_{12}\begin{vmatrix} a_{21} & a_{23} \\ a_{31} & a_{33} \end{vmatrix} + a_{22}\begin{vmatrix} a_{11} & a_{13} \\ a_{31} & a_{33} \end{vmatrix} - a_{32}\begin{vmatrix} a_{11} & a_{13} \\ a_{21} & a_{23} \end{vmatrix} \tag{39}$$

Da in dieser letzten Darstellung die Elemente der 2. Spalte eine besondere Rolle spielen, nennt man sie **Entwicklung der Determinante nach der 2. Spalte.**

Beispiel 2.2: $$\underline{A} = \begin{pmatrix} 1 & 3 & 4 \\ 2 & 0 & 1 \\ 3 & 1 & 2 \end{pmatrix}$$

a) Entwicklung nach der 1. Zeile:

$$D = \det \underline{A} = 1 \cdot \begin{vmatrix} 0 & 1 \\ 1 & 2 \end{vmatrix} - 3 \cdot \begin{vmatrix} 2 & 1 \\ 3 & 2 \end{vmatrix} + 4 \cdot \begin{vmatrix} 2 & 0 \\ 3 & 1 \end{vmatrix} = -1 - 3 + 8 = 4$$

b) Entwicklung nach der 2. Spalte:

$$D = \det \underline{A} = -3 \cdot \begin{vmatrix} 2 & 1 \\ 3 & 2 \end{vmatrix} + 0 \cdot \begin{vmatrix} 1 & 4 \\ 3 & 2 \end{vmatrix} - 1 \cdot \begin{vmatrix} 1 & 4 \\ 2 & 1 \end{vmatrix} = -3 + 0 + 7 = 4$$

Bildungsgesetz der Summanden in den Entwicklungsformeln (37) und (38):

In (37) wird a_{11} multipliziert mit der 2-reihigen Determinante, die entsteht, wenn man in $\underline{A}$ die 1. Zeile und die 1. Spalte wegstreicht, also die Zeile und die Spalte, in denen a_{11} steht. Die Faktoren von a_{12} und a_{13} sind 2-reihige Determinanten, die (bis aufs Vorzeichen) ganz entsprechend gebildet werden. Auch in (38) werden die ausgeklammerten Elemente a_{12}, a_{22}, a_{32} mit 2-reihigen Determinanten multipliziert, die aus $\underline{A}$ entstehen durch Streichen von Zeile und Spalte, in denen das jeweilige Element steht. Bei beiden Entwicklungen wechseln die Vorzeichen der Summanden:

+ steht bei a_{11}, a_{13}, a_{22}, d.h. bei gerader Indexsumme
− steht bei a_{12}, a_{32}, d.h. bei ungerader Indexsumme

Bei der Berechnung 3-reihiger Determinanten spielen also 2-reihige „Unterdeterminanten", mit wechselndem Vorzeichen behaftet, eine Rolle.

Definition: Unterdeterminante, Adjunkte

Durch Streichen der i. Zeile und der k. Spalte entsteht aus der 3-reihigen quadratischen Matrix $\underline{A}$ eine 2-reihige quadratische Untermatrix mit der zugehörigen Unterdeterminante U_{ik} . Als Adjunkte A_{ik} des Elements a_{ik} bezeichnet man den Ausdruck

$$A_{ik} = (-1)^{i+k} \cdot U_{ik} \qquad \left\{ \begin{array}{c} i = 1,2,3 \\ k = 1,2,3 \end{array} \right\} \tag{40}$$

Beispiel 2.3: Adjunkten der Elemente der 1. Zeile der Matrix $\underline{A} = \begin{pmatrix} 1 & 3 & 4 \\ 2 & 0 & 1 \\ 3 & 1 & 2 \end{pmatrix}$

$$A_{11} = (-1)^{1+1} \cdot \begin{vmatrix} 0 & 1 \\ 1 & 2 \end{vmatrix} = + \begin{vmatrix} 0 & 1 \\ 1 & 2 \end{vmatrix} = -1$$

$$A_{12} = (-1)^{1+2} \cdot \begin{vmatrix} 2 & 1 \\ 3 & 2 \end{vmatrix} = - \begin{vmatrix} 2 & 1 \\ 3 & 2 \end{vmatrix} = -1$$

$$A_{13} = (-1)^{1+1} \cdot \begin{vmatrix} 2 & 0 \\ 3 & 1 \end{vmatrix} = + \begin{vmatrix} 2 & 0 \\ 3 & 1 \end{vmatrix} = 2$$

Den Vorzeichenfaktor der Adjunkten kann man mit einer einfachen Merkregel bestimmen, indem man eine Matrix gleicher Bauart schachbrettartig mit alternierenden Vorzeichen + − + ... belegt:

$$\begin{pmatrix} + & - & + \\ - & + & - \\ + & - & + \end{pmatrix} \qquad \text{„Schachbrettregel"}$$

Mit Hilfe der Adjunkten A_{ik} lauten die Rechenvorschriften (37) und (38)

$$D = a_{11} \cdot A_{11} + a_{12} \cdot A_{12} + a_{13} \cdot A_{13} \quad \text{... Entw. nach 1. Zeile}$$

$$D = a_{12} \cdot A_{12} + a_{22} \cdot A_{22} + a_{32} \cdot A_{32} \quad \text{... Entw. nach 2. Spalte}$$

Beide Darstellungen von D sind Sonderfälle eines allgemeinen Entwicklungssatzes.

Entwicklungssatz für 3-reihige Determinanten

Man erhält die Determinante einer 3-reihigen quadratischen Matrix $\underline{A}$, indem man die Elemente einer beliebigen Reihe (Zeile oder Spalte) mit ihren Adjunkten multipliziert und die Produkte aufaddiert.

$$D = \det \underline{A} = a_{i1} \cdot A_{i1} + a_{i2} \cdot A_{i2} + a_{i3} \cdot A_{i3} \qquad i = 1, 2, 3$$

... Entwicklung nach der i. Zeile

$$D = \det \underline{A} = a_{1k} \cdot A_{1k} + a_{2k} \cdot A_{2k} + a_{3k} \cdot A_{3k} \qquad k = 1, 2, 3 \tag{41}$$

... Entwicklung nach der k. Spalte

Übung: Berechnen Sie die Determinante der Matrix $\underline{A}$ aus Beispiel 2.2 und 2.3 durch Entwicklung nach der 2. Zeile (3. Zeile, 1. Spalte, 3. Spalte).

2.2 Determinanten n. Ordnung (n-reihige Determinanten)

Die Determinante einer n-reihigen quadratischen Matrix $\underline{A}$ wird so definiert, dass die bisher für $n = 2$ und $n = 3$ entwickelten Eigenschaften gültig bleiben. Man erreicht das dadurch, dass man den Entwicklungssatz entsprechend verallgemeinert. Die Definition der Adjunkten und der Entwicklungssatz können dabei fast wörtlich aus Abschnitt 2.1 übernommen werden.

Definition: Unterdeterminante, Adjunkte

Durch Streichen der i. Zeile und der k. Spalte entsteht aus der n-reihigen quadratischen Matrix $\underline{A}$ eine $(n-1)$-reihige quadratische Untermatrix mit der zugehörigen $(n-1)$-reihigen Unterdeterminante U_{ik} . Als Adjunkte A_{ik} des Elements a_{ik} bezeichnet man den Ausdruck

$$A_{ik} = (-1)^{i+k} \cdot U_{ik} \qquad \left\{ \begin{array}{l} i = 1,2,3,\dots n \\ k = 1,2,3,\dots n \end{array} \right\} \qquad (42)$$

Das Vorzeichen erhält man am einfachsten mit Hilfe der „Schachbrettregel".

Entwicklungssatz für n-reihige Determinanten

Man erhält die Determinante einer n-reihigen quadratischen Matrix $\underline{A}$, in dem man die Elemente einer beliebigen Reihe (Zeile oder Spalte) mit ihren Adjunkten multipliziert und die Produkte aufaddiert.

$$D = \det \underline{A} = a_{i1} \cdot A_{i1} + \dots + a_{in} \cdot A_{in} \qquad i = 1,2,\dots n$$

... Entwicklung nach der i. Zeile

(43)

$$D = \det \underline{A} = a_{1k} \cdot A_{1k} + \dots + a_{nk} \cdot A_{nk} \qquad k = 1,2,\dots n$$

... Entwicklung nach der k. Spalte

Durch den Entwicklungssatz wird die Berechnung einer $n-$reihigen Determinante auf die Berechnung von $(n-1)-$reihigen (Unter-) Determinanten zurückgeführt.

Übung: Schreiben Sie den Entwicklungssatz mit Hilfe des Summenzeichens.

Ergebnis: Entw. nach i. Zeile: $D = \sum_{j=1}^{n} a_{ij} \cdot A_{ij} \qquad i = 1,2,\dots n$

Entw. nach k. Spalte: $D = \sum_{j=1}^{n} a_{jk} \cdot A_{jk} \qquad k = 1,2,\dots n$

Beispiel 2.4: $\underline{A} = \begin{pmatrix} 3 & 4 & -2 & 0 \\ 0 & 2 & 1 & 0 \\ -4 & 0 & 0 & -7 \\ 0 & 3 & 5 & 1 \end{pmatrix}$ $\det \underline{A} = ?$

Lösung: Entwicklung nach der 4. Spalte liefert

$$\det \underline{A} = -(-7) \cdot \begin{vmatrix} 3 & 4 & -2 \\ 0 & 2 & 1 \\ 0 & 3 & 5 \end{vmatrix} + 1 \cdot \begin{vmatrix} 3 & 4 & -2 \\ 0 & 2 & 1 \\ -4 & 0 & 0 \end{vmatrix}$$

$$= 7 \cdot 3 \cdot \begin{vmatrix} 2 & 1 \\ 3 & 5 \end{vmatrix} - 4 \cdot \begin{vmatrix} 4 & -2 \\ 2 & 1 \end{vmatrix}$$

$$= 21 \cdot 7 - 4 \cdot 8 = 147 - 32 = 115$$

Übung: Berechnen Sie die Determinante in Beispiel 2.4 durch Entwicklung nach der 2. Zeile.

Übung: Zeigen Sie, daß zur Berechnung der Determinante einer vollbesetzten (n, n)-Matrix nach dem Entwicklungssatz $n!$ Produkte aus jeweils n Faktoren berechnet werden müssen.

Hinweis: $n! = 1 \cdot 2 \cdot 3 \cdot \ldots \cdot (n-1) \cdot n$ (gesprochen: „n-Fakultät")

3 Cramer-Regel für (3,3) - Systeme

In den Lösungsformeln (35) eines allgemeinen (3,3)-Systems lassen sich auch die Zähler als 3-reihige Determinanten schreiben: In der Formel für die Unbekannte x_1 erhält man den Ausdruck

$$D_1 = b_1(a_{22}a_{33} - a_{23}a_{32}) - b_2(a_{12}a_{33} - a_{13}a_{32}) + b_3(a_{12}a_{23} - a_{13}a_{22})$$

$$= b_1 \begin{vmatrix} a_{22} & a_{23} \\ a_{32} & a_{33} \end{vmatrix} - b_2 \begin{vmatrix} a_{12} & a_{13} \\ a_{32} & a_{33} \end{vmatrix} + b_3 \begin{vmatrix} a_{12} & a_{13} \\ a_{22} & a_{23} \end{vmatrix}$$

$$D_1 = \begin{vmatrix} b_1 & a_{12} & a_{13} \\ b_2 & a_{22} & a_{23} \\ b_3 & a_{32} & a_{33} \end{vmatrix}$$

Man erhält D_1, indem man die 1. Spalte von $\underline{A}$ durch den Vektor $\underline{b}$ ersetzt. Ähnlich gebildete Determinanten treten im Zähler der Lösungsformeln für x_2 und x_3 auf.

Cramersche Regel für (3,3)-Systeme

Die Lösungen eines (3,3)-Systems der Form (34) erhält man als Quotienten 3-reihiger Determinanten

$$\boxed{x_1=\frac{D_1}{D}\ ;\quad x_2=\frac{D_2}{D}\ ;\quad x_3=\frac{D_3}{D}} \qquad (\text{ falls } D \neq 0 \text{ }) \tag{44a}$$

mit

$$\left.\begin{array}{lll} D & \ldots & \text{Determinante der Koeffizientenmatrix } \underline{A} \\ D_i & \ldots & \text{Determinante, die man erhält, wenn man die} \\ & & i.\text{ Spalte in } \underline{A} \text{ durch den Vektor } \underline{b} \\ & & \text{der rechten Seite ersetzt } \ (i = 1,2,3) \end{array}\right\} \tag{44b}$$

Bemerkung: Die Cramersche Regel lässt sich auf $(n,n)-$Systeme mit $n > 3$ verallgemeinern; wegen des enormen Rechenaufwands zur Berechnung der $(n+1)$ Determinanten n. Ordnung hat sie aber keine große Bedeutung. In Kapitel 3 wird ein Lösungsverfahren behandelt, das für $n > 3$ wesentlich weniger Aufwand erfordert. Dieses Verfahren ist darüber hinaus auch auf beliebige Systeme von m linearen Gleichungen für n Unbekannte anwendbar, während die Cramer-Regel die Lösung nur im Sonderfall $m = n$ mit $D \neq 0$ liefert.

Beispiel 2.5:

$$\begin{array}{rcrcrcr} 2x_1 & - & x_2 & + & 2x_3 & = & 2 \\ x_1 & + & 10x_2 & - & 3x_3 & = & 5 \\ -x_1 & + & x_2 & + & x_3 & = & -3 \end{array}$$

Lösung:

$$D = \begin{vmatrix} 2 & -1 & 2 \\ 1 & 10 & -3 \\ -1 & 1 & 1 \end{vmatrix} = 46 \qquad D_1 = \begin{vmatrix} 2 & -1 & 2 \\ 5 & 10 & -3 \\ -3 & 1 & 1 \end{vmatrix} = 92$$

$$D_2 = \begin{vmatrix} 2 & 2 & 2 \\ 1 & 5 & -3 \\ -1 & -3 & 1 \end{vmatrix} = 0 \qquad D_3 = \begin{vmatrix} 2 & -1 & 2 \\ 1 & 10 & 5 \\ -1 & 1 & -3 \end{vmatrix} = -46$$

$$\Longrightarrow x_1 = \frac{D_1}{D} = 2\ ;\quad x_2 = \frac{D_2}{D} = 0\ ;\quad x_3 = \frac{D_3}{D} = -1$$

4 Regeln zur Berechnung von Determinanten

Folgende Regeln dienen vor allem zur Vereinfachung der Berechnung von Determinanten; sie gelten für beliebige n-reihige Determinanten. Da in der Praxis üblicherweise nur 2- und 3-reihige Determinanten berechnet werden müssen, werden die wesentlichen Regeln hier nur kurz zusammengestellt und an 2- und 3-reihigen Determinanten erläutert.

Regel 1: Man darf eine Determinante nach jeder beliebigen Zeile oder Spalte entwickeln.

Regel 2: Der Wert einer Determinante wird nicht geändert, wenn man Zeilen und Spalten vertauscht: $\det \underline{A} = \det(\underline{A}^T)$

Regel 3: Sind in einer Matrix alle Elemente einer Zeile (oder Spalte) Null, so hat ihre Determinante den Wert Null.

Regel 4: Ein gemeinsamer Faktor einer Zeile (oder Spalte) kann bei der Berechnung der Determinante ausgeklammert werden.

Regel 5: Vertauscht man in einer Matrix 2 Zeilen (oder 2 Spalten), so ändert ihre Determinante das Vorzeichen.

Regel 6: Stimmen in einer Matrix 2 Zeilen (oder 2 Spalten) überein, so hat ihre Determinante den Wert Null.

Regel 7: Sind in einer Matrix entsprechende Elemente von 2 Zeilen (oder 2 Spalten) einander proportional, so hat ihre Determinante den Wert Null.

Regel 8: Addiert man zu einer Zeile (Spalte) das Vielfache einer anderen Zeile (Spalte), so ändert sich der Wert der Determinante nicht.

Die Regeln 1 bis 4 folgen unmittelbar aus dem Entwicklungssatz. Regel 5 ergibt sich mit Hilfe des Entwicklungssatzes unter Berücksichtigung der Schachbrettregel.

Zu Regel 6: Stimmen bei einer Matrix zwei Zeilen überein, so ändert eine Vertauschung dieser Zeilen die Determinante offensichtlich nicht; andererseits ändert sich bei der Vertauschung der Zeilen nach Regel 3 das Vorzeichen. Das ist aber nur möglich, wenn D den Wert Null hat.

Regel 7 folgt aus Regel 4 (gemeinsamen Faktor ausklammern) und Regel 6 (Übereinstimmung von zwei parallelen Reihen).

Mit Regel 8 kann man durch geeignete Multiplikation und Addition in einer Determinante bzw. Matrix „Nullen erzeugen“ und braucht dann bei der Anwendung des Entwicklungssatzes weniger Unterdeterminanten zu berechnen. Die entsprechende Matrixumformung bildet die **Grundlage für das Eliminationsverfahren zur Lösung allgemeiner linearer Gleichungssysteme** (s. Abschnitt III).

Beispiel 2.6: Anwendung von Regel 4

$$D = \begin{vmatrix} 1 & 3 & 0 \\ 2 & -6 & 4 \\ -1 & 9 & 0 \end{vmatrix} = \ ?$$

Lösung: Aus der 2. Spalte lässt sich der Faktor 3 ausklammern

$$D = \begin{vmatrix} 1 & 3 & 0 \\ 2 & -6 & 4 \\ -1 & 9 & 0 \end{vmatrix} = 3 \cdot \begin{vmatrix} 1 & 1 & 0 \\ 2 & -2 & 4 \\ -1 & 3 & 0 \end{vmatrix}$$

Die 2. Zeile der neuen Matrix enthält den Faktor 2, der entsprechend ausgeklammert werden kann

$$D = 3 \cdot 2 \cdot \begin{vmatrix} 1 & 1 & 0 \\ 1 & -1 & 2 \\ -1 & 3 & 0 \end{vmatrix}$$

Entwickelt man die Restmatrix nach der 3. Spalte, so erhält man schließlich

$$D = 3 \cdot 2 \cdot (-2) \cdot \begin{vmatrix} 1 & 1 \\ -1 & 3 \end{vmatrix} = -48$$

Beispiel 2.7: Gegeben ist eine n–reihige quadratische Matrix $\underline{A}$ mit $\det \underline{A} \neq 0$. Warum gilt

$$\det(p\underline{A}) \neq p \cdot \det \underline{A} \qquad (\text{für reelles } p \neq 0, \ \neq 1) \ ?$$

Wie lautet die richtige Gleichung für $\det(p\underline{A})$?

Lösung: Bei der Multiplikation der Matrix $\underline{A}$ mit einer reellen Zahl p werden alle Elemente der Matrix mit p multipliziert. Nach Regel 4 kann man aus jeder der n Zeilen (oder aus jeder der n Spalten) von $\underline{A}$ den Faktor p ausklammern. Es gilt also

$$\det(p\underline{A}) = p^n \cdot \det \underline{A}$$

Beispiel 2.8: Anwendung von Regel 8

$$D = \begin{vmatrix} -6 & 21 & -30 \\ 1 & -3 & 5 \\ 2 & 7 & -4 \end{vmatrix} \begin{matrix} \longleftarrow \\ \cdot 7 \\ \end{matrix} = \begin{vmatrix} -6+1\cdot 7 & 21-3\cdot 7 & -30+5\cdot 7 \\ 1 & -3 & 5 \\ 2 & 7 & -4 \end{vmatrix}$$

$$= \begin{vmatrix} 1 & 0 & 5 \\ 1 & -3 & 5 \\ 2 & 7 & -4 \end{vmatrix} \begin{matrix} \cdot(-1) \\ \longleftarrow \\ \end{matrix} = \begin{vmatrix} 1 & 0 & 5 \\ 0 & -3 & 0 \\ 2 & 7 & -4 \end{vmatrix} = -3 \cdot \begin{vmatrix} 1 & 5 \\ 2 & -4 \end{vmatrix} = 42$$

Die Umformungen nach Regel 8 sind dabei jeweils hinter den entsprechenden Zeilen vermerkt: Bei der ersten Umformung wird jedes Element der 2. Zeile mit 7 multipliziert und zum entsprechenden Element der 1. Zeile addiert; bei der zweiten Umformung wird die 1. Zeile mit (-1) multipliziert und zur 2. Zeile addiert.

Beispiel 2.9: $D = \begin{vmatrix} 3 & 17 & -24 & 31 \\ 0 & 2 & -99 & 19 \\ 0 & 0 & -1 & -15 \\ 0 & 0 & 0 & 4 \end{vmatrix} = \,?$

Lösung: Entwickelt man die Determinante fortlaufend nach der 1. Spalte, so erhält man

$$D = 3 \cdot \begin{vmatrix} 2 & -99 & 19 \\ 0 & -1 & -15 \\ 0 & 0 & 4 \end{vmatrix} = 3 \cdot 2 \cdot \begin{vmatrix} -1 & -15 \\ 0 & 4 \end{vmatrix}$$

$$= 3 \cdot 2 \cdot (-1) \cdot 4 = -24$$

Verallgemeinerung:

> Die Determinante einer beliebigen (oberen oder unteren) Dreiecksmatrix $\underline{A}_{dr}$ ist das Produkt ihrer Hauptdiagonalglieder:
>
> $$\det \underline{A}_{dr} = a_{11} \cdot a_{22} \cdot \ldots \cdot a_{nn}$$

III Lineare Gleichungssysteme

1 Bezeichnungen - Problemstellung

Wir betrachten ein System von m linearen Gleichungen in den n Unbekannten $x_1, x_2, \dots x_n$:

$$\begin{array}{ccccccccc} a_{11}x_1 & + & a_{12}x_2 & + & \dots & + & a_{1n}x_n & = & b_1 \\ a_{21}x_1 & + & a_{22}x_2 & + & \dots & + & a_{2n}x_n & = & b_2 \\ \dots\dots & \dots & \dots\dots & \dots & \dots & \dots & \dots\dots & \dots & \dots \\ a_{m1}x_1 & + & a_{m2}x_2 & + & \dots & + & a_{mn}x_n & = & b_m \end{array} \tag{45}$$

mit reellen Koeffizienten a_{ik} und reellen rechten Seiten b_i. Ein solches System bezeichnen wir im Folgenden auch kurz als (m, n)-System.

Mit der **Koeffizientenmatrix**

$$\underline{A}_{(m,n)} = \begin{pmatrix} a_{11} & a_{12} & \dots & a_{1n} \\ a_{21} & a_{22} & \dots & a_{2n} \\ \dots\dots & \dots\dots & \dots & \dots\dots \\ a_{m1} & a_{m2} & \dots & a_{mn} \end{pmatrix} \tag{46}$$

und den **Spaltenvektoren**

$$\underline{x}_{(n,1)} = \begin{pmatrix} x_1 \\ x_2 \\ \dots \\ x_n \end{pmatrix} \quad ; \quad \underline{b}_{(m,1)} = \begin{pmatrix} b_1 \\ b_2 \\ \dots \\ b_m \end{pmatrix} \tag{47}$$

lässt sich das lineare Gleichungssystem (45) auch kürzer schreiben in der Form

$$\underline{A}_{(m,n)} \cdot \underline{x}_{(n,1)} = \underline{b}_{(m,1)} \tag{48a}$$

Wenn aus dem Zusammenhang die Anzahl der Gleichungen und der Unbekannten des Systems klar hervorgeht, lässt man oftmals die Indizes weg und schreibt statt (48a) kürzer

$$\underline{A} \cdot \underline{x} = \underline{b} \tag{48b}$$

Durch Hinzufügen des Spaltenvektors $\underline{b}$ der rechten Seite von (45) zur Koeffizientenmatrix $\underline{A}$ entsteht die sogenannte **erweiterte Matrix** des linearen Gleichungssystems (45)

$$\underline{B} = (\underline{A}\ ;\ \underline{b}) = \left(\begin{array}{cccc|c} a_{11} & a_{12} & \dots & a_{1n} & b_1 \\ a_{21} & a_{22} & \dots & a_{2n} & b_2 \\ \dots\dots & \dots\dots & \dots & \dots\dots & \dots \\ a_{m1} & a_{m2} & \dots & a_{mn} & b_m \end{array}\right) \qquad (49)$$

Die erweiterte Matrix $\underline{B}$ enthält alle wesentlichen Informationen über das Gleichungssystem (45).

Definition: Homogenes und inhomogenes Gleichungssystem

Das Gleichungssystem (48) heißt **linear homogen**, falls $\underline{b} = \underline{0}$, d.h. falls die rechten Seiten aller Gleichungen Null sind; anderenfalls heißt (48) **linear inhomogen**.

Definition: Lösung eines linearen Gleichungssystems

Ein n-Tupel (k_1, k_2, ... k_n) reeller Zahlen heißt **Lösung (Lösungsvektor)** von (45) bzw. (48), falls alle Gleichungen des Systems durch $x_i = k_i$ erfüllt werden. Die Gesamtheit aller Lösungen von (45) heißt **Lösungsmenge (Lösungsmannigfaltigkeit)** oder **allgemeine Lösung**.

Beispiel 3.1:

$$\begin{array}{rcrcrcrl} x_1 & + & 2x_2 & - & 4x_3 & = & 3 & \text{(a)} \\ 2x_1 & & & - & 5x_3 & = & 1 & \text{(b)} \end{array}$$

Das Tripel $(-2, 2, -1)$ erfüllt zwar die Gleichung (b), nicht aber die Gleichung (a); es ist also keine Lösung des gegebenen Gleichungssystems. Das Tripel $(3, 2, 1)$ erfüllt sowohl (a) als auch (b), ist also Lösung des Systems.

Wir untersuchen in diesem Kapitel die **Lösbarkeit linearer Gleichungssysteme**; dabei stellen sich folgende Fragen:

a) Gibt es Lösungen ?

b) Falls ja, wieviele ?

c) Wie kann man diese Lösungen ermitteln ?

Treten in den Gleichungssystemen nur zwei oder drei Unbekannte auf, dann verzichtet man häufig auf die Indexschreibweise und bezeichnet die Unbekannten als x, y bzw. x, y, z . Eine lineare Gleichung für zwei Unbekannte x und y der Form

$$ax + by = c \qquad (50)$$

lässt sich auffassen als Geradengleichung in der $x, y-$Ebene; die Punkte auf der Geraden entsprechen den (unendlich vielen) Lösungen der Gleichung (50). Wir benützen diese **geometrische Interpretation linearer Gleichungen** in den folgenden Beispielen.

Beispiel 3.2:

$$\begin{aligned} x + 2y &= 1 \\ x - y &= -2 \end{aligned}$$

Bringt man die beiden Gleichungen auf „Normalform"

$$\begin{aligned} y &= -\tfrac{1}{2}x + \tfrac{1}{2} \\ y &= x + 2 \end{aligned}$$

so erkennt man leicht, dass sich die beiden Geraden schneiden. Als Schnittpunkt erhält man den Punkt S $(-1/1)$:

$\Longrightarrow$ das Gleichungssystem besitzt genau eine Lösung $\{ x = -1; y = 1\}$.

Beispiel 3.3:

$$\begin{aligned} x + y &= 1 \\ 2x + 2y &= 2 \end{aligned}$$

Beide Gleichungen beschreiben dieselbe Gerade:

$\Longrightarrow$ das Gleichungssystem besitzt unendlich viele Lösungen.

Beispiel 3.4:

$$\begin{aligned} x + y &= 1 \\ x + y &= 0 \end{aligned}$$

Die Geraden sind parallel:

$\Longrightarrow$ das System besitzt keine Lösung; die Gleichungen widersprechen sich.

Die Beispiele 3.2 - 3.4 zeigen bereits die **drei verschiedenen möglichen Fälle** für die Lösbarkeit linearer Gleichungssysteme:

Fall 1: genau eine Lösung (eindeutige Lösung)

Fall 2: unendlich viele Lösungen

Fall 3: keine Lösung; Gleichungen mit Widerspruch.

2 Lösung linearer Gleichungssysteme - Gauß-Algorithmus

2.1 Äquivalenzumformungen - einfache Beispiele

Bei der Lösung von Gleichungen und Gleichungssystemen wendet man **Äquivalenzumformungen** an, die an der Lösungsmenge nichts ändern, aber einfachere Gleichungen bzw. Gleichungssysteme liefern. Das wichtigste Verfahren zur Lösung linearer Gleichungssysteme ist das Gaußsche Eliminationsverfahren, das auf elementaren Zeilenumformungen beruht.

Elementare Zeilenumformungen

1.	Multiplikation einer Gleichung mit einer von Null verschiedenen reellen Zahl p
2.	Addition des p -fachen ($p \neq 0$) einer Gleichung zu einer anderen Gleichung (unter Beibehaltung der ersten Gleichung)
3.	Vertauschung von Gleichungen

a. Gauß - Algorithmus bei eindeutig lösbaren inhomogenen (n,n) - Systemen

Beispiel 3.5:

$$\begin{array}{rcrcrcrll} x_1 & - & x_2 & + & 5x_3 & = & 12 & \cdot(-3) & \cdot(-10) \\ 3x_1 & - & 8x_2 & - & x_3 & = & 9 & \longleftarrow & \\ 10x_1 & + & 5x_2 & - & 2x_3 & = & 1 & & \longleftarrow \end{array} \tag{51a}$$

Durch Addition eines geeigneten Vielfachen der 1. Gleichung zur 2. bzw. 3. Gleichung versucht man, in diesen Gleichungen die Unbekannte x_1 zu eliminieren. Dies gelingt hier mit den angegebenen Faktoren (-3) und (-10).

Man erhält so ein zu (51a) äquivalentes System in der Form

$$\begin{array}{rcrcrcrl} x_1 & - & x_2 & + & 5x_3 & = & 12 & \\ & - & 5x_2 & - & 16x_3 & = & -27 & \cdot 3 \\ & & 15x_2 & - & 52x_3 & = & -119 & \longleftarrow \end{array} \tag{51b}$$

Die 2. und 3. Gleichung von (51b) bilden ein System von 2 linearen Gleichungen mit 2 Unbekannten, das man entsprechend weiter behandeln kann.

Addition des 3-fachen der 2. Gleichung zur 3. Gleichung führt zur Elimination von x_2 in der 3. Gleichung; die 1. und 2. Gleichung von (51b) bleiben unverändert stehen:

$$\begin{array}{rcrcrcr} x_1 & - & x_2 & + & 5x_3 & = & 12 \\ & - & 5x_2 & - & 16x_3 & = & -27 \\ & & & - & 100x_3 & = & -200 \end{array} \tag{51c}$$

Aus dem ursprünglichen Gleichungssystem mit **vollbesetzter Koeffizientenmatrix** ist ein **gestaffeltes Gleichungssystem in Dreiecksgestalt** mit einer **Dreiecksmatrix** als Koeffizientenmatrix entstanden, das leicht „von unten her" gelöst werden kann:

$$\begin{array}{llcll}
\text{3. Gl.:} & -100x_3 & = & -200 & \Longrightarrow x_3 = 2 \\
\text{2. Gl.:} & -5x_2 & = & -27 + 16x_3 & \Longrightarrow x_2 = -1 \\
\text{1. Gl.:} & x_1 & = & 12 + x_2 - 5x_3 & \Longrightarrow x_1 = 1
\end{array}$$

Das Gleichungssystem (51a) besitzt also die eindeutige Lösung

$$\{\ x_1 = 1\ ;\quad x_2 = -1\ ;\quad x_3 = 2\ \}$$

Bei der Durchführung dieses Gaußschen Eliminationsverfahrens kann man sich viel Schreibarbeit ersparen, wenn man die **Umformungen nur an der erweiterten Matrix des Systems** vornimmt. In Beispiel 3.5 sieht das Lösungsschema dann wie folgt aus:

$$\left(\begin{array}{ccc|c} 1 & -1 & 5 & 12 \\ 3 & -8 & -1 & 9 \\ 10 & 5 & -2 & 1 \end{array}\right) \begin{array}{cc} \cdot(-3) & \cdot(-10) \\ \longleftarrow & \\ & \longleftarrow \end{array} \Longleftrightarrow \left(\begin{array}{ccc|c} 1 & -1 & 5 & 12 \\ 0 & -5 & -16 & -27 \\ 0 & 15 & -52 & -119 \end{array}\right) \begin{array}{c} \\ \cdot 3 \\ \longleftarrow \end{array}$$

$$\Longleftrightarrow \left(\begin{array}{ccc|c} 1 & -1 & 5 & 12 \\ 0 & -5 & -16 & -27 \\ 0 & 0 & -100 & -200 \end{array}\right) \begin{array}{r} \Longrightarrow x_1 = 1 \\ \Longrightarrow x_2 = -1 \\ \Longrightarrow x_3 = 2 \end{array}$$

Bemerkung: Ausgehend vom Gleichungssystem (51c) in oberer Dreiecksform, bzw. von der entsprechenden erweiterten Matrix, lässt sich das Auflösen „von unten her“ mit Hilfe elementarer Zeilenumformungen weiter formalisieren. Division der einzelnen Gleichungen durch den jeweiligen Koeffizienten auf der Hauptdiagonale ergibt die **„normierte“ obere Dreiecksform**

$$\left(\begin{array}{ccc|c} 1 & -1 & 5 & 12 \\ 0 & -5 & -16 & -27 \\ 0 & 0 & -100 & -200 \end{array}\right) \Longleftrightarrow \left(\begin{array}{ccc|c} 1 & -1 & 5 & 12 \\ 0 & 1 & \frac{16}{5} & \frac{27}{5} \\ 0 & 0 & 1 & 2 \end{array}\right) \begin{array}{c} \\ \longleftarrow \\ \cdot(-\frac{16}{5}) \end{array}$$

Durch **„Rückwärts-Elimination“** erhält man daraus die äquivalente **normierte Diagonalform**, die als Koeffizientenmatrix die Einheitsmatrix enthält:

$$\left(\begin{array}{ccc|c} 1 & -1 & 5 & 12 \\ 0 & 1 & 0 & (\frac{27}{5} - \frac{32}{5}) \\ 0 & 0 & 1 & 2 \end{array}\right) = \left(\begin{array}{ccc|c} 1 & -1 & 5 & 12 \\ 0 & 1 & 0 & -1 \\ 0 & 0 & 1 & 2 \end{array}\right) \begin{array}{c} \longleftarrow \\ \cdot 1 \\ \cdot(-5) \end{array}$$

$$\Longleftrightarrow \left(\begin{array}{ccc|c} 1 & 0 & 0 & (12 - 1 - 10) \\ 0 & 1 & 0 & -1 \\ 0 & 0 & 1 & 2 \end{array}\right) = \left(\begin{array}{ccc|c} 1 & 0 & 0 & 1 \\ 0 & 1 & 0 & -1 \\ 0 & 0 & 1 & 2 \end{array}\right)$$

An dieser normierten Diagonalform kann man die Lösung direkt ablesen.

Beispiel 3.6:

$$\begin{aligned} x_1 + x_2 - 3x_3 + 2x_4 &= -10 \\ x_1 - 2x_2 + x_3 &= 5 \\ 2x_1 + x_2 - 3x_3 + x_4 &= -7 \\ 3x_2 + x_3 - 4x_4 &= 7 \end{aligned} \tag{52a}$$

Die wiederholte Anwendung des Gauß-Algorithmus auf dieses Gleichungssystem entspricht folgenden Umformungen der erweiterten Matrix :

$$\left(\begin{array}{rrrr|r} 1 & 1 & -3 & 2 & -10 \\ 1 & -2 & 1 & 0 & 5 \\ 2 & 1 & -3 & 1 & -7 \\ 0 & 3 & 1 & -4 & 7 \end{array}\right) \begin{array}{ll} \cdot(-1) & \cdot(-2) \\ \longleftarrow & \\ & \longleftarrow \\ & \end{array}$$

$$\Longleftrightarrow \left(\begin{array}{rrrr|r} 1 & 1 & -3 & 2 & -10 \\ 0 & -3 & 4 & -2 & 15 \\ 0 & -1 & 3 & -3 & 13 \\ 0 & 3 & 1 & -4 & 7 \end{array}\right) \begin{array}{ll} & \\ \cdot(-\frac{1}{3}) & \cdot 1 \\ \longleftarrow & \\ & \longleftarrow \end{array}$$

$$\Longleftrightarrow \left(\begin{array}{rrrr|r} 1 & 1 & -3 & 2 & -10 \\ 0 & -3 & 4 & -2 & 15 \\ 0 & 0 & \frac{5}{3} & -\frac{7}{3} & 8 \\ 0 & 0 & 5 & -6 & 22 \end{array}\right) \begin{array}{l} \\ \\ \cdot(-3) \\ \longleftarrow \end{array}$$

$$\Longleftrightarrow \left(\begin{array}{rrrr|r} 1 & 1 & -3 & 2 & -10 \\ 0 & -3 & 4 & -2 & 15 \\ 0 & 0 & \frac{5}{3} & -\frac{7}{3} & 8 \\ 0 & 0 & 0 & 1 & -2 \end{array}\right)$$

Dieser durch Äquivalenzumformungen entstandenen erweiterten Matrix entspricht ausführlich angeschrieben das zu (52a) äquivalente Gleichungssystem

$$\begin{aligned} x_1 + x_2 - 3x_3 + 2x_4 &= -10 \\ - 3x_2 + 4x_3 - 2x_4 &= 15 \\ \tfrac{5}{3}x_3 - \tfrac{7}{3}x_4 &= 8 \\ x_4 &= -2 \end{aligned} \tag{52b}$$

Man erhält daraus von unten her

$$\begin{array}{llcllcl}
\text{4. Gl.} & & & & \Longrightarrow & x_4 & = & -2 \\
\text{3. Gl.:} & \frac{5}{3}x_3 & = & 8+\frac{7}{3}x_4 & \Longrightarrow & x_3 & = & 2 \\
\text{2. Gl.:} & -3x_2 & = & 15-4x_3+2x_4 & \Longrightarrow & x_2 & = & -1 \\
\text{1. Gl.:} & x_1 & = & -10-x_2+3x_3-2x_4 & \Longrightarrow & x_1 & = & 1
\end{array}$$

Das Gleichungssystem (52a) besitzt also die eindeutige Lösung

$$\left\{\; x_1 = 1; \quad x_2 = -1; \quad x_3 = 2; \quad x_4 = -2 \;\right\}$$

Übung: Ermitteln Sie die Lösung in Beispiel 3.6 durch Überführung in die äquivalente normierte Diagonalform (vollständige Elimination).

An beiden Beispielen erkennt man deutlich die **Grundidee des Gaußschen Verfahrens**. Schrittweise Elimination der Unbekannten führt auf ein äquivalentes Gleichungssystem, dessen Gleichungen immer einfacher werden:

die 1. Gl. enthält alle n-Unbekannten $x_1, x_2, x_3, \ldots x_n$

die 2. Gl. enthält nur $n-1$ Unbekannte $x_2, x_3, \ldots x_n$

die 3. Gl. enthält nur $n-2$ Unbekannte $x_3, \ldots x_n$

usw.

Die ursprüngliche Koeffizientenmatrix geht dabei über in eine Matrix, die unterhalb der Hauptdiagonalen nur Nullen enthält.

Übung: Versuchen Sie, bei der Lösung des Systems (52a) Brüche zu vermeiden (Hinweis: Vertauschung von Gleichungen) !

b. Gauß-Algorithmus bei nicht-eindeutig lösbaren inhomogenen Systemen

Das Gauß-Verfahren lässt sich mühelos auch auf lineare Gleichungssysteme mit Widersprüchen oder mit unendlich vielen Lösungen anwenden, ohne dass man vorher große Untersuchungen anstellen muss.

Beispiel 3.7:

$$\begin{array}{l} x+y=1 \\ x+y=0 \end{array} \Longrightarrow \left(\begin{array}{cc|c} 1 & 1 & 1 \\ 1 & 1 & 0 \end{array}\right) \begin{array}{l} \cdot(-1) \\ \longleftarrow \end{array} \Longleftrightarrow \left(\begin{array}{cc|c} 1 & 1 & 1 \\ 0 & 0 & -1 \end{array}\right)$$

Die letzte Zeile entspricht der Gleichung

$$0 \cdot x + 0 \cdot y = -1 \;,$$

enthält also einen **Widerspruch**; das Gleichungssystem besitzt **keine Lösung**.

Beispiel 3.8:

$$\begin{array}{rcrcl} x &+& y &=& 1 \\ 2x &+& 2y &=& 2 \end{array} \Longrightarrow \left(\begin{array}{cc|c} 1 & 1 & 1 \\ 2 & 2 & 2 \end{array}\right) \begin{array}{l} \cdot(-2) \\ \longleftarrow \end{array} \Longleftrightarrow \left(\begin{array}{cc|c} 1 & 1 & 1 \\ 0 & 0 & 0 \end{array}\right)$$

Die letzte Zeile entspricht der Gleichung

$$0 \cdot x + 0 \cdot y = 0 \ ,$$

kann also weggelassen werden. Es bleibt eine Gleichung mit zwei Unbekannten übrig, von denen man eine beliebig wählen kann. Setzt man z.B. $y = t$, so erhält man die **unendlich vielen Lösungen** in Parameterform

$$\{\ x = 1 - t\ ; \quad y = t\ \} \qquad (\ t \text{ beliebig reell }\ )$$

Beispiel 3.9:

$$\begin{array}{rcrcrcl} x &+& y &+& z &=& 6 \\ 3x &+& 2y &+& z &=& 10 \\ 2x &+& 3y &+& 4z &=& 20 \end{array} \Longrightarrow \left(\begin{array}{ccc|c} 1 & 1 & 1 & 6 \\ 3 & 2 & 1 & 10 \\ 2 & 3 & 4 & 20 \end{array}\right) \begin{array}{ll} \cdot(-3) & \cdot(-2) \\ \longleftarrow & \\ & \longleftarrow \end{array}$$

$$\Longleftrightarrow \left(\begin{array}{ccc|c} 1 & 1 & 1 & 6 \\ 0 & -1 & -2 & -8 \\ 0 & 1 & 2 & 8 \end{array}\right) \begin{array}{l} \\ \cdot 1 \\ \longleftarrow \end{array} \Longleftrightarrow \left(\begin{array}{ccc|c} 1 & 1 & 1 & 6 \\ 0 & -1 & -2 & -8 \\ 0 & 0 & 0 & 0 \end{array}\right)$$

Die letzte Zeile kann wieder weggelassen werden. Das (3,3)-System enthält nur 2 unabhängige Gleichungen für 3 Unbekannte, man kann eine der Unbekannten beliebig wählen.

Setzt man z.B. $z = t$, so folgt aus der umgeformten Matrix

$$\begin{array}{lrcl} \text{2. Gl.:} & -y &=& -8 + 2z \quad \Longrightarrow \quad y = 8 - 2t \\ \text{1. Gl.:} & x &=& 6 - y - z \quad \Longrightarrow \quad x = -2 + t \end{array}$$

Man kann die unendlich vielen Lösungen also darstellen in der Form

$$\left\{\ x = -2 + t\ ; \quad y = 8 - 2t\ ; \quad z = t\ \right\} \qquad (\ t \text{ beliebig reell }\ )$$

oder mit Hilfe von Spaltenvektoren

$$\underline{x} = \begin{pmatrix} -2 + t \\ 8 - 2t \\ t \end{pmatrix} \quad \text{bzw.} \quad \underline{x} = \begin{pmatrix} -2 \\ 8 \\ 0 \end{pmatrix} + t \cdot \begin{pmatrix} 1 \\ -2 \\ 1 \end{pmatrix} \ ; \quad t \in R$$

Die letzte Darstellung ist die Parameterdarstellung einer Geraden mit

$$\text{Einstiegsvektor} \begin{pmatrix} -2 \\ 8 \\ 0 \end{pmatrix} \quad \text{und} \quad \text{Richtungsvektor} \begin{pmatrix} 1 \\ -2 \\ 1 \end{pmatrix}$$

Geometrisch entsprechen den drei Gleichungen des Systems drei Ebenen mit einer gemeinsamen Schnittgerade (→ Bd. 3: Vektorrechnung).

Häufig lässt man an Stelle von t auch einfach die freie Variable z stehen und schreibt die Lösung in der Form eines Vektors

$$\underline{x} = \begin{pmatrix} -2+z \\ 8-2z \\ z \end{pmatrix} \; ; \quad (z \text{ beliebig reell })$$

Bemerkung zu Beispiel 3.9: Dieselbe Lösung ergibt sich für das System der ersten beiden Gleichungen

$$\begin{aligned} x + y + z &= 6 \\ 3x + 2y + z &= 10 \end{aligned}$$

Ein Gleichungssystem mit einer geringeren Anzahl von Gleichungen als Unbekannten nennt man **unterbestimmt.** Bei unterbestimmten Systemen kann man - falls sie überhaupt lösbar sind - (mindestens) eine der Unbekannten frei wählen.

Beispiel 3.10:

$$\begin{aligned} 2x - y &= 5 \\ x - 3y &= -5 \\ 6x - 2y &= 10 \\ x + y &= 7 \end{aligned} \quad \Longrightarrow \quad \left(\begin{array}{cc|c} 1 & 1 & 7 \\ 1 & -3 & -5 \\ 2 & -1 & 5 \\ 6 & -2 & 10 \end{array}\right) \begin{array}{ccc} \cdot(-1) & \cdot(-2) & \cdot(-6) \\ \longleftarrow & & \\ & \longleftarrow & \\ & & \longleftarrow \end{array}$$

$$\Longleftrightarrow \left(\begin{array}{cc|c} 1 & 1 & 7 \\ 0 & -4 & -12 \\ 0 & -3 & -9 \\ 0 & -8 & -32 \end{array}\right) \begin{array}{cc} \cdot(-\frac{3}{4}) & \cdot(-2) \\ \longleftarrow & \\ & \longleftarrow \end{array} \quad \Longleftrightarrow \left(\begin{array}{cc|c} 1 & 1 & 7 \\ 0 & -4 & -12 \\ 0 & 0 & 0 \\ 0 & 0 & -8 \end{array}\right)$$

Zur Vereinfachung der Rechnung wurden vor Beginn des Gauß-Algorithmus die Gleichungen umgeordnet.

Die letzte Zeile der umgeformten Matrix zeigt, dass das System einen Widerspruch enthält, dass also keine Lösung existiert. Zum selben Ergebnis kommt man auch schon bei Betrachtung der Matrix nach der ersten Elimination: die 3. und 4. Gleichung des zugehörigen Systems widersprechen sich. Ein solches Gleichungssystem nennt man **überbestimmt**.

c. Gauß-Algorithmus bei homogenen Gleichungssystemen

Das zu (45) bzw. (48) gehörende homogene Gleichungssystem

$$\begin{array}{ccccccccc} a_{11}x_1 & + & a_{12}x_2 & + & \dots & + & a_{1n}x_n & = & 0 \\ a_{21}x_1 & + & a_{22}x_2 & + & \dots & + & a_{2n}x_n & = & 0 \\ \dots & \dots & \dots & \dots & \dots & \dots & \dots & \dots & \dots \\ a_{m1}x_1 & + & a_{m2}x_2 & + & \dots & + & a_{mn}x_n & = & 0 \end{array} \iff \underline{A}\cdot\underline{x} = \underline{0} \qquad (53)$$

besitzt offensichtlich stets die Lösung $x_1 = x_2 = \dots x_n = 0$, die sogenannte **triviale Lösung** oder **Null-Lösung**; ein homogenes Gleichungssystem **kann also nie einen Widerspruch enthalten**. Falls auch von Null verschiedene Lösungen existieren, heißt das homogene System **nichttrivial lösbar**, diese Lösungen heißen **nichttriviale Lösungen**.

Übung: Zeigen Sie, dass ein nichttrivial lösbares homogenes Gleichungssystem unendlich viele Lösungen besitzt !

Die Frage, wann neben der trivialen Lösung $\underline{x} = \underline{0}$ auch nichttriviale Lösungen existieren, wird durch den Gauß-Algorithmus unmittelbar beantwortet.

Beispiel 3.11: (vergleiche Beispiel 3.5)

$$\begin{array}{rcrcrcl} x_1 & - & x_2 & + & 5x_3 & = & 0 \\ 3x_1 & - & 8x_2 & - & x_3 & = & 0 \\ 10x_1 & + & 5x_2 & - & 2x_3 & = & 0 \end{array}$$

Wenn man die Nullspalte der rechten Seite weglässt, so liefert das Eliminationsverfahren (gleiche Umformungen wie in Bsp. 3.5):

$$\begin{pmatrix} 1 & -1 & 5 \\ 3 & -8 & -1 \\ 10 & 5 & -2 \end{pmatrix} \iff \begin{pmatrix} 1 & -1 & 5 \\ 0 & -5 & -16 \\ 0 & 0 & -100 \end{pmatrix}$$

Daraus ergibt sich die eindeutige Lösung $x_1 = x_2 = x_3 = 0$, das homogene System besitzt nur die triviale Lösung.

Beispiel 3.12: (vergleiche Beispiel 3.9)

$$\begin{array}{rcrcrcl} x_1 & + & x_2 & + & x_3 & = & 0 \\ 3x_1 & + & 2x_2 & + & x_3 & = & 0 \\ 2x_1 & + & 3x_2 & + & 4x_3 & = & 0 \end{array}$$

Dieselben Umformungen wie in Beispiel 3.9 liefern:

$$\begin{pmatrix} 1 & 1 & 1 \\ 3 & 2 & 1 \\ 2 & 3 & 4 \end{pmatrix} \iff \begin{pmatrix} 1 & 1 & 1 \\ 0 & -1 & -2 \\ 0 & 0 & 0 \end{pmatrix}$$

Das System hat also unendlich viele Lösungen. Setzt man als freie Variable z.B. $x_3 = t$, so ergeben sich die Lösungen in der Form

$$\{ \ x_1 = t \ ; \quad x_2 = -2t \ ; \quad x_3 = t \ \} \qquad (\ t \text{ beliebig reell} \ )$$

Schreibt man die Lösung wie in Beispiel 3.9 in Vektorform

$$\underline{x} = \begin{pmatrix} t \\ -2t \\ t \end{pmatrix} = \begin{pmatrix} 1 \\ -2 \\ 1 \end{pmatrix} \cdot t \ ; \quad t \in R$$

so erkennt man, dass die Lösungen auf einer Ursprungsgeraden liegen; der Nullpunkt entspricht dabei der bei einem homogenen Gleichungssystem stets vorhandenen trivialen Lösung.

Übung: In welcher Form erhält man die Lösung, wenn man $x_2 = s$ als freie Variable wählt (s beliebig reell) ?

2.2 Allgemeine Formulierung des Eliminationsverfahrens

Man vereinfacht das allgemeine lineare Gleichungssystem

$$\begin{array}{ccccccccc} a_{11}x_1 & + & a_{12}x_2 & + & \ldots & + & a_{1n}x_n & = & b_1 \\ a_{21}x_1 & + & a_{22}x_2 & + & \ldots & + & a_{2n}x_n & = & b_2 \\ \ldots\ldots & \ldots & \ldots\ldots & \ldots & \ldots & \ldots & \ldots\ldots & \ldots & \ldots \\ a_{m1}x_1 & + & a_{m2}x_2 & + & \ldots & + & a_{mn}x_n & = & b_m \end{array} \tag{54a}$$

durch folgendes **Eliminationsverfahren (E)**:

(E)

1. Schritt: Vertausche Reihenfolge der Gleichungen (oder der Unbekannten) so, dass $a_{11} \neq 0$.

2. Schritt: Eliminiere x_1 aus den restlichen Gleichungen:

addiere zur 2. Gl. das $(-\frac{a_{21}}{a_{11}})$ -fache der 1. Gl.,

addiere zur 3. Gl. das $(-\frac{a_{31}}{a_{11}})$ -fache der 1. Gl.,

usw.

Alle dabei auftretenden Umformungen lassen die Lösungsmenge des linearen Gleichungssystems unverändert; man erhält damit ein zu (54a) äquivalentes System der Form

$$\begin{array}{lcccccccc} a_{11}x_1 & + & a_{12}x_2 & + & \dots & + & a_{1n}x_n & = & b_1 \\ & \| & a_{22}'x_2 & + & \dots & + & a_{2n}'x_n & = & b_2' \;\| \\ & \| & \dots & \dots & \dots & \dots & \dots & \dots & \dots \;\| \\ & \| & a_{m2}'x_2 & + & \dots & + & a_{mn}'x_n & = & b_m' \;\| \end{array} \qquad (54b)$$

Übung: Berechnen Sie die Koeffizienten

$$a_{22}' \; ; \quad a_{23}' \; ; \quad a_{32}' \; ; \quad a_{mn}' \; ; \quad b_2'$$

Bestätigen Sie daran die Gültigkeit der allgemeinen Formel für die Koeffizienten des Systems (54b) nach der Elimination von x_1:

$$\boxed{\begin{array}{lcl} a_{ik}' & = & a_{ik} - \dfrac{a_{i1}}{a_{11}} \cdot a_{1k} \\[2ex] b_i' & = & b_i - \dfrac{a_{i1}}{a_{11}} \cdot b_1 \end{array}} \qquad \left\{ \begin{array}{l} i = 2,\ 3,\ \dots\ m \\ k = 2,\ 3,\ \dots\ n \end{array} \right\} \qquad (55)$$

Im Normalfall besteht (54b) aus einer linearen Gleichung in den n Unbekannten $x_1, x_2, \dots x_n$ und einem Untersystem von $m-1$ linearen Gleichungen in den $n-1$ Unbekannten $x_2, \dots x_n$. Man vereinfacht dieses System weiter durch entsprechende Anwendung des Eliminationsverfahrens (**E**) auf das Untersystem $\|\dots\|$:

<u>1. Schritt:</u> Vertausche so, dass $a_{22}' \neq 0$.

<u>2. Schritt:</u> Eliminiere x_2 aus den restlichen Gleichungen ...

Das System $\|\dots\|$ geht über in eine Gleichung in den $n-1$ Unbekannten $x_2, x_3 \dots x_n$ und ein Untersystem in den $n-2$ Unbekannten $x_3 \dots x_n$. Auf dieses Untersystem kann man wieder das Eliminationsverfahren (**E**) sinngemäß anwenden, usw...

Bei jedem Eliminationsschritt sind folgende Sonderfälle möglich:

1. Es entsteht eine Gleichung der Form
   $0 \cdot x_1 + 0 \cdot x_2 + \ \dots \ + 0 \cdot x_n = b \neq 0$;
   das Gleichungssystem enthält dann einen Widerspruch, es gibt keine Lösung

2. Gleichungen der Form
   $0 \cdot x_1 + 0 \cdot x_2 + \ \dots \ + 0 \cdot x_n = 0$
   können bei der weiteren Rechnung weggelassen werden.

Ergebnis: Jedes (m, n)-System (54a) kann durch wiederholte Anwendung des Eliminationsverfahrens auf ein äquivalentes System der folgenden allgemeinen Form reduziert werden:

$$\begin{array}{rcrcrcrcrcrcl}
c_{11}x_1 & + & c_{12}x_2 & + & \dots & + & c_{1r}x_r & + & \dots & + & c_{1n}x_n & = & d_1 \\
 & & c_{22}x_2 & + & \dots & + & c_{2r}x_r & + & \dots & + & c_{2n}x_n & = & d_2 \\
 & & \dots & & \dots & & \dots & & \dots & & \dots & & \dots \\
 & & & & & & c_{rr}x_r & + & \dots & + & c_{rn}x_n & = & d_r \\
 & & & & & & & & & & 0 & = & d_{r+1} \\
 & & & & & & & & & & \dots & \dots & \dots \\
 & & & & & & & & & & 0 & = & d_m
\end{array} \qquad (56)$$

$$\text{mit} \quad c_{ii} \neq 0 \quad \text{für} \quad i = 1, 2, \dots r \; ; \qquad r \leq n \; , \quad r \leq m \; .$$

An diesem **gestaffelten System** lassen sich die verschiedenen Möglichkeiten leicht diskutieren.

2.3 Allgemeine Diskussion der Lösbarkeit linearer Systeme

Wir untersuchen die verschiedenen Möglichkeiten am reduzierten System (56).

Fall 1: Gleichungssystem ist unlösbar

Ist $r < m$ und sind nicht alle $m - r$ Zahlen $d_{r+1}, \dots d_m$ in (56) gleich Null, so enthält das System mindestens eine Gleichung der Form

$$0 \cdot x_1 + 0 \cdot x_2 + \; . \; . \; . \; + 0 \cdot x_n = d \neq 0 \quad \Longrightarrow \underline{\text{ Widerspruch }} \; ;$$

das Gleichungssystem besitzt dann also **keine Lösung.**

Fall 2: Gleichungssystem ist lösbar

Sind alle Zahlen $d_{r+1}, \dots d_m$ gleich Null, so ist das Gleichungssystem lösbar; die Anzahl der Lösungen hängt dann ab von r .

Unterfall 2A: $\boxed{r = n}$

Die Anzahl der nicht-verschwindenden Gleichungen stimmt überein mit der Anzahl der Unbekannten; das System (56) besitzt **Dreiecksform:**

$$\begin{array}{rcrcrcrcl}
c_{11}x_1 & + & c_{12}x_2 & + & \dots & + & c_{1n}x_n & = & d_1 \\
 & & c_{22}x_2 & + & \dots & + & c_{2n}x_n & = & d_2 \\
 & & \dots & & \dots & & \dots & & \dots \\
 & & & & & & c_{nn}x_n & = & d_n
\end{array} \qquad \text{mit } c_{ii} \neq 0 \qquad (57)$$

Aus (57) ergibt sich leicht die **eindeutige Lösung** (vgl. Bsp. 3.6).

Übung: Welche eindeutige Lösung ergibt sich im Falle $r = n$ für ein homogenes System ?

Unterfall 2B: $\boxed{r < n}$

Die Anzahl r der unabhängigen Gleichungen ist kleiner als die Anzahl n der Unbekannten; das System (56) besitzt **Trapezform**:

$$\begin{array}{cccccc} c_{11}x_1 + c_{12}x_2 + & \ldots + & c_{1r}x_r + c_{1,r+1}x_{r+1} & + \ldots + & c_{1n}x_n = d_1 \\ c_{22}x_2 + & \ldots + & c_{2r}x_r + c_{2,r+1}x_{r+1} & + \ldots + & c_{2n}x_n = d_2 \\ & \ldots\ldots & \ldots\ldots\ldots\ldots\ldots\ldots\ldots\ldots\ldots & \ldots\ldots\ldots & \ldots\ldots\ldots\ldots\ldots \\ & & c_{rr}x_r + c_{r,r+1}x_{r+1} & + \ldots + & c_{rn}x_n = d_r \end{array} \qquad (58)$$

$\underbrace{\qquad\qquad\qquad\qquad}_{r \text{ Unbekannte}} \quad \underbrace{\qquad\qquad\qquad\qquad}_{(n-r) \text{ Unbekannte}}$

Dieses Gleichungssystem ist offenbar **unterbestimmt**; man kann die $(n - r)$ Unbekannten $x_{r+1}, \ldots x_n$ beliebig wählen, die restlichen r Unbekannten $x_r, x_{r-1}, \ldots x_1$ ergeben sich dann eindeutig durch Rückwärts-Auflösen des gestaffelten Systems.

Die so ermittelte Lösung enthält $(n - r)$ freie Parameter, das Gleichungssystem besitzt **unendlich viele Lösungen** (genauer: eine $(n-r)$ - dimensionale Lösungsmannigfaltigkeit) (vgl. Beispiel 3.9).

Zusammenfassung:

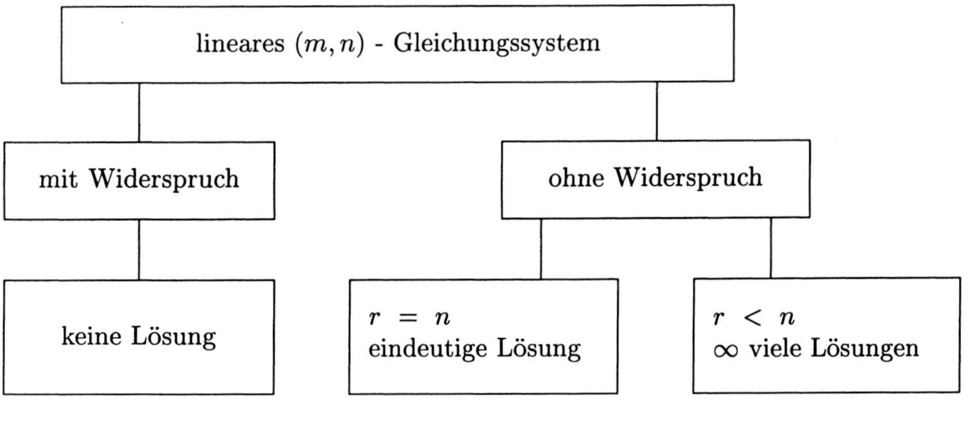

Bemerkungen:

1. Der erste Fall „mit Widerspruch $\Rightarrow$ keine Lösung“ ist nur möglich bei inhomogenen Gleichungssystemen.

2. Ist bei einem homogenen System $r = n$, dann ist die eindeutige Lösung die (triviale) Lösung $x_1 = x_2 = \ldots = x_n = 0$.

   Bei homogenen Systemen ist deshalb vor allem der dritte Fall $r < n$ mit der Existenz von nichttrivialen Lösungen von Interesse.

Beispiel 3.13: Untersuchen Sie die Lösbarkeit des Gleichungssystems in Abhängigkeit vom reellen Parameter p. Wie lauten gegebenenfalls die Lösungen ?

$$\begin{array}{rcrcrcl} x &+& y &-& z &=& 1 \\ 2x &+& 3y &+& pz &=& 3 \\ x &+& py &+& 3z &=& 2 \end{array}$$

Lösung:

$$\left(\begin{array}{rrr|r} 1 & 1 & -1 & 1 \\ 2 & 3 & p & 3 \\ 1 & p & 3 & 2 \end{array}\right) \begin{array}{ll} \cdot(-2) & \cdot(-1) \\ \longleftarrow & \\ & \longleftarrow \end{array} \iff \left(\begin{array}{ccc|c} 1 & 1 & -1 & 1 \\ 0 & 1 & p+2 & 1 \\ 0 & p-1 & 4 & 1 \end{array}\right) \begin{array}{l} \\ \cdot(-p+1) \\ \longleftarrow \end{array}$$

$$\iff \left(\begin{array}{ccc|c} 1 & 1 & -1 & 1 \\ 0 & 1 & p+2 & 1 \\ 0 & 0 & c_{33} & d_3 \end{array}\right) \qquad (\#)$$

mit

$$c_{33} = 4-(p+2)(p-1) = -p^2-p+6 = -(p-2)(p+3) \ ; \quad d_3 = 2-p$$

a) Für $p = -3$ lautet die letzte Zeile von (#)

$$\left(\begin{array}{ccc|c} 0 & 0 & 0 & 5 \end{array}\right) \quad \Longrightarrow \quad \text{Widerspruch}$$

Das System besitzt <u>für $p = -3$ keine Lösung</u>.

b) Für p = 2 lautet die letzte Zeile von (#)

$$\left(\begin{array}{ccc|c} 0 & 0 & 0 & 0 \end{array} \right)$$

Das System besteht dann nur aus 2 unabhängigen Gleichungen für 3 Unbekannte. Wählt man $z = t$ als freien Parameter, so folgt

$$\begin{array}{llcccl} \text{2. Gl.:} & y & = & 1 - 4z & = & 1 - 4t \\ \text{1. Gl.:} & x & = & 1 - y + z & = & 5t \end{array}$$

Das Gleichungssystem besitzt für p = 2 unendlich viele Lösungen, sie lassen sich als Vektor schreiben in der Form

$$\underline{x} = (\ 5t\ ;\ \ 1 - 4t\ ;\ \ t\ )^T\ ; \qquad t \text{ beliebig reell}$$

Bemerkung: Da ein Zeilenvektor beim Schreiben weniger Platz beansprucht als ein Spaltenvektor, ist der Lösungsvektor $\underline{x}$ hier dargestellt in der Form eines transponierten Zeilenvektors; oft schreibt man das Ergebnis aber auch schlampig in Form eines reinen Zeilenvektors an.

c) Für alle Werte von $p \neq -3, \ \neq 2$ ist $r = n = 3$;
das Gleichungssystem besitzt dann eine eindeutige Lösung,
aus (#) folgt:

$$\begin{array}{lll} \text{3. Gl.:} & -(p-2)(p+3) \cdot z = 2 - p & \Longrightarrow \quad z = \dfrac{1}{p+3} \\ \text{2. Gl.:} & y = 1 - (p+2) \cdot z & \Longrightarrow \quad y = \dfrac{1}{p+3} \\ \text{1. Gl.:} & x = 1 - y + z & \Longrightarrow \quad x = 1 \end{array}$$

3 (n, n) - Systeme

3.1 Lösbarkeitskriterien

Die bisherigen Ergebnisse über die Lösbarkeit linearer Gleichungssysteme gelten für beliebige (m, n)-Systeme und damit natürlich auch für Systeme mit einer quadratischen Koeffizientenmatrix $(m = n)$. Trotzdem betrachten wir diese in der Praxis besonders wichtigen (n, n)-Systeme, bei denen die Anzahl der Gleichungen übereinstimmt mit der Anzahl der Unbekannten, nochmals gesondert.

Beim Gauß-Algorithmus geht ein (n, n)-System mit der quadratischen Koeffizientenmatrix $\underline{A}$ über in ein äquivalentes gestaffeltes (n, n)-System mit der quadratischen Koeffizientenmatrix $\underline{C}$:

$$\underline{A} \cdot \underline{x} = \underline{b} \quad \overset{\text{Gauß}}{\Longleftrightarrow} \quad \underline{C} \cdot \underline{x} = \underline{d} \tag{59}$$

Fall A: $\boxed{r = n}$ ($\longrightarrow$ (56) für $r = m = n$)

Für $r = n$ ist $\underline{C}$ eine (obere) **Dreiecksmatrix**:

$$\underline{C} = \begin{pmatrix} c_{11} & c_{12} & c_{13} & \dots & c_{1n} \\ 0 & c_{22} & c_{23} & \dots & c_{2n} \\ 0 & 0 & c_{33} & \dots & c_{3n} \\ \dots & \dots & \dots & \dots & \dots \\ 0 & \dots & \dots & 0 & c_{nn} \end{pmatrix} \quad ; \qquad c_{ii} \neq 0 \text{ für } i = 1, 2, \dots n \tag{60}$$

Wenn bei den einzelnen Schritten des Eliminationsverfahrens keine Vertauschungen vorgenommen wurden, dann stimmt die Determinante von $\underline{C}$ mit der Determinante der Matrix $\underline{A}$ des Ausgangssystems überein; anderenfalls ändert sich höchstens das Vorzeichen entsprechend der Anzahl der Vertauschungen. Die Determinante von $\underline{C}$ ergibt sich aber einfach als Produkt der Hauptdiagonalelemente

$$\det \underline{C} = c_{11} \cdot c_{22} \cdot \dots \cdot c_{nn} \tag{61}$$

Entscheidend für die eindeutige Lösbarkeit der äquivalenten Systeme $\underline{A} \cdot \underline{x} = \underline{b}$ und $\underline{C} \cdot \underline{x} = \underline{d}$ ist offenbar die Bedingung $c_{ii} \neq 0$ für $i = 1, 2, \dots n$; wegen (61) ist dies gleichwertig mit der Bedingung

$$\det \underline{A} = (\pm) \det \underline{C} \neq 0 \tag{62}$$

> Ein (n, n)-System ist genau dann eindeutig lösbar, wenn seine Koeffizientendeterminante ungleich Null ist.
>
> Im Fall eines homogenen Systems existiert dann nur die triviale Null-Lösung.

Fall B: $\boxed{r < n}$ ($\longrightarrow$ (56) für $r < n,\ n = m$)

Für $r < n$ sind die Elemente der $n - r$ letzten Zeilen der Matrix $\underline{C}$ des umgeformten Systems $\underline{C} \cdot \underline{x} = \underline{d}$ alle gleich Null; $r < n$ ist also gleichwertig mit der Bedingung

$$\det \underline{A} = \det \underline{C} = 0 \ . \tag{63}$$

In Abhängigkeit von den rechten Seiten hat das System dann entweder unendlich viele Lösungen oder keine Lösung. Da bei homogenen Systemen kein Widerspruch möglich ist, folgt:

> Ein homogenes (n,n)-System besitzt genau dann nichttriviale Lösungen, wenn seine Koeffizientendeterminante gleich Null ist.

Zusammenfassung: Lösbarkeitskriterien für (n,n)-Systeme

	$\underline{A} \cdot \underline{x} = \underline{b}$; $\underline{b} \neq \underline{0}$ (inhomogen)	$\underline{A} \cdot \underline{x} = \underline{0}$ (homogen)
$\det \underline{A} \neq 0$ ($r = n$)	eindeutig lösbar	nur triviale Lösung $\underline{x} = \underline{0}$
$\det \underline{A} = 0$ ($r < n$)	entweder unendlich viele oder keine Lösungen	unendlich viele nichttriviale Lösungen (und triviale Lösung)

3.2 Vergleich mit der Cramerschen Regel

Bei (n,n)-Systemen der Form $\underline{A}_{(n,n)} \cdot \underline{x}_{(n,1)} = \underline{b}_{(n,1)}$ erhält man die (eindeutige) Lösung auch nach der Cramerschen Regel (s. Kap. II Determinanten):

$$x_i = \frac{D_i}{D} \quad ; \qquad i = 1, 2, ...n \tag{64}$$

mit D ... Determinante der Koeffizientenmatrix $\underline{A}$

und D_i ... $\left\{ \begin{array}{l} \text{Determinante der Matrix, die entsteht, wenn} \\ \text{man in } \underline{A} \text{ die } i\text{. Spalte durch} \\ \text{den Vektor } \underline{b} \text{ der rechten Seite ersetzt} \end{array} \right\}$

Während sich der Gauß-Algorithmus auf jedes beliebige lineare (m,n)-Gleichungssystem anwenden lässt, liefert die Cramersche Regel die Lösung nur im Sonderfall $n = m = r$.

Übung: Vergleichen Sie den Rechenaufwand (aufgeschlüsselt nach Additionen/ Subtraktionen und Multiplikationen/Divisionen) zur Lösung eines inhomogenen (n,n)-Systems nach Gauß und nach Cramer jeweils für $n = 2,3,4,5$.

Ergebnis: Der Rechenaufwand wird bei der Cramerschen Regel für $n > 3$ unvertretbar groß; für große n und für die numerische Rechnung ist der Gauß-Algorithmus auch bei (n,n)-Systemen mit eindeutiger Lösung der Cramerschen Regel vorzuziehen.

Das Gauß-Verfahren setzt voraus, dass alle Eliminationskoeffizienten c_{ii} ; $i = 1,2,...r$ im umgeformten System ungleich Null sind. Dazu kann es wie in den folgenden Beispielen nötig sein, im Verlauf der Rechnung Gleichungen zu vertauschen und/oder Unbekannte umzunummerieren.

Beispiel 3.14:

$$\begin{array}{rcrcrcrcr} x_1 & + & 2x_2 & + & x_3 & - & 2x_4 & = & 7 \\ 2x_1 & + & 4x_2 & - & 3x_3 & + & 4x_4 & = & 3 \\ 3x_1 & + & 4x_2 & + & x_3 & - & 6x_4 & = & 11 \\ -x_1 & + & x_2 & + & x_3 & + & 2x_4 & = & 5 \end{array}$$

Lösung:

$$\left(\begin{array}{rrrr|r} 1 & 2 & 1 & -2 & 7 \\ 2 & 4 & -3 & 4 & 3 \\ 3 & 4 & 1 & -6 & 11 \\ -1 & 1 & 1 & 2 & 5 \end{array}\right) \begin{array}{ccc} \cdot(-2) & \cdot(-3) & \cdot 1 \\ \longleftarrow & & \\ & \longleftarrow & \\ & & \longleftarrow \end{array}$$

$$\Longleftrightarrow \left(\begin{array}{rrrr|r} 1 & 2 & 1 & -2 & 7 \\ 0 & 0 & -5 & 8 & -11 \\ 0 & -2 & -2 & 0 & -10 \\ 0 & 3 & 2 & 0 & 12 \end{array}\right) \begin{array}{c} \longrightarrow \\ \searrow \\ \nearrow \\ \longrightarrow \end{array} \left(\begin{array}{rrrr|r} 1 & 2 & 1 & -2 & 7 \\ 0 & -2 & -2 & 0 & -10 \\ 0 & 3 & 2 & 0 & 12 \\ 0 & 0 & -5 & 8 & -11 \end{array}\right) \begin{array}{c} \\ \cdot\frac{3}{2} \\ \longleftarrow \\ \\ \end{array}$$

$$\Longleftrightarrow \left(\begin{array}{rrrr|r} 1 & 2 & 1 & -2 & 7 \\ 0 & -2 & -2 & 0 & -10 \\ 0 & 0 & -1 & 0 & -3 \\ 0 & 0 & -5 & 8 & -11 \end{array}\right) \begin{array}{c} \\ \\ \cdot(-5) \\ \longleftarrow \end{array} \Longleftrightarrow \left(\begin{array}{rrrr|r} 1 & 2 & 1 & -2 & 7 \\ 0 & -2 & -2 & 0 & -10 \\ 0 & 0 & -1 & 0 & -3 \\ 0 & 0 & 0 & 8 & 4 \end{array}\right)$$

$\Longrightarrow$ eindeutige Lösung: $\left\{ x_4 = \frac{1}{2} \; ; \quad x_3 = 3 \; ; \quad x_2 = 2 \; ; \quad x_1 = 1 \right\}$

Beispiel 3.15:

$$\begin{array}{rcrcrcrcl} x_1 & + & 2x_2 & + & x_3 & - & 2x_4 & = & 0 \\ 2x_1 & + & 4x_2 & + & 3x_3 & - & x_4 & = & 4 \\ -x_1 & - & 2x_2 & - & x_3 & + & 3x_4 & = & 2 \\ 3x_1 & + & 6x_2 & + & x_3 & - & 6x_4 & = & 4 \end{array}$$

Lösung:

$$\left(\begin{array}{rrrr|r} 1 & 2 & 1 & -2 & 0 \\ 2 & 4 & 3 & -1 & 4 \\ -1 & -2 & -1 & 3 & 2 \\ 3 & 6 & 1 & -6 & 4 \end{array}\right) \begin{array}{lll} \cdot(-2) & \cdot 1 & \cdot(-3) \\ \longleftarrow & & \\ & \longleftarrow & \\ & & \longleftarrow \end{array}$$

$$\Longleftrightarrow \left(\begin{array}{rrrr|r} 1 & 2 & 1 & -2 & 0 \\ 0 & 0 & 1 & 3 & 4 \\ 0 & 0 & 0 & 1 & 2 \\ 0 & 0 & -2 & 0 & 4 \end{array}\right)$$

Spaltenvertauschung
(1, 2, 3, 4) $\longrightarrow$ (1, 3, 4, 2)

$$\Longleftrightarrow \left(\begin{array}{rrrr|r} 1 & 1 & -2 & 2 & 0 \\ 0 & 1 & 3 & 0 & 4 \\ 0 & 0 & 1 & 0 & 2 \\ 0 & -2 & 0 & 0 & 4 \end{array}\right) \begin{array}{l} \\ \cdot 2 \\ \\ \longleftarrow \end{array} \Longleftrightarrow \left(\begin{array}{rrrr|r} 1 & 1 & -2 & 2 & 0 \\ 0 & 1 & 3 & 0 & 4 \\ 0 & 0 & 1 & 0 & 2 \\ 0 & 0 & 6 & 0 & 12 \end{array}\right) \begin{array}{l} \\ \\ \cdot(-6) \\ \longleftarrow \end{array}$$

$$\Longleftrightarrow \left(\begin{array}{rrrr|r} 1 & 1 & -2 & 2 & 0 \\ 0 & 1 & 3 & 0 & 4 \\ 0 & 0 & 1 & 0 & 2 \\ 0 & 0 & 0 & 0 & 0 \end{array}\right)$$

$$\Longrightarrow \left\{ \begin{array}{ll} \text{3. Gl.:} & x_4 = 2 \\ \text{2. Gl.:} & x_3 = 4 - 3x_4 = -2 \\ \text{1. Gl.:} & x_1 = -x_3 + 2x_4 - 2x_2 = 6 - 2x_2 \end{array} \right\}$$

Mit der freien Variablen $x_2 = t$ lässt sich die (einparametrige) Lösung darstellen in der Form eines Spaltenvektors (Spaltenvektor = transponierter Zeilenvektor; vgl. Bemerkung in Beispiel 3.13)

$$\underline{x} = (\ 6 - 2t\ ;\ t\ ;\ -2\ ;\ 2\ )^T \qquad (\ t \text{ beliebig reell }\ )$$

IV Matrizen 2

1 Rang einer Matrix - Hauptsatz für lineare Gleichungssysteme

Für die Lösbarkeit eines linearen Gleichungssystem in n Unbekannten ist nicht die Anzahl m der Gleichungen entscheidend, sondern nur die Anzahl r der **unabhängigen Gleichungen**, die sich beim Gauß-Algorithmus ergeben. Die Zahl r ist eine wichtige charakteristische Größe der Koeffizientenmatrix. Man nennt r den **Rang der Matrix** $\underline{A}$:

$$r = \operatorname{Rg} \underline{A} = \text{Anzahl der unabhängigen Gleichungen} \tag{65}$$

Den Rang einer beliebigen Matrix kann man durch **elementare Zeilenumformungen** (s. Abschnitt III.2.1) ermitteln.

Beispiel 4.1:

a) $\begin{pmatrix} 0 & 1 \\ 0 & 0 \end{pmatrix} \Longrightarrow \underline{r=1}$ b) $\begin{pmatrix} 1 & 1 & 1 \\ 3 & 2 & 1 \\ 2 & 3 & 4 \end{pmatrix} \Longleftrightarrow \begin{pmatrix} 1 & 1 & 1 \\ 0 & -1 & -2 \\ 0 & 1 & 2 \end{pmatrix} \Longrightarrow \underline{r=2}$

Bemerkungen:

1.) Fasst man die (m,n)-Matrix $\underline{A}$ auf als Menge von m Zeilenvektoren bzw. als Menge von n Spaltenvektoren, so ist der Rang von $\underline{A}$ gleich der (Maximal-) Anzahl ihrer **linear unabhängigen Zeilen- bzw. Spaltenvektoren**.
($\rightarrow$ Band 3: Vektorrechnung)

2.) Mit dem Begriff des Rangs einer Matrix folgt aus den Ergebnissen in Abschnitt III.2.3 der **Hauptsatz für lineare Gleichungssysteme:**

Ein lineares Gleichungssystem $\underline{A} \cdot \underline{x} = \underline{b}$ ist genau dann lösbar, wenn der Rang der Koeffizientenmatrix übereinstimmt mit dem Rang der erweiterten Matrix

$$r = \operatorname{Rg} \underline{A} = \operatorname{Rg} (\ \underline{A}; \underline{b}\ ) \tag{66}$$

Die Dimension der Lösungsmenge ist $n - r$,
die allgemeine Lösung enthält $n - r$ freie Variable (Parameter).

2 Invertierbare Matrizen - Inverse Matrix

Die skalare lineare Gleichung $a \cdot x = b$ lässt sich durch Division mit a, d.h. durch Multiplikation mit dem zu a **inversen Faktor** a^{-1} auflösen nach x:

$$a \cdot x = b \quad \Longrightarrow \quad x = a^{-1} \cdot b \qquad (\text{falls } a \neq 0)$$

Wir untersuchen im Folgenden, ob und unter welchen Bedingungen sich lineare Systeme der Form $\underline{A} \cdot \underline{x} = \underline{b}$ ähnlich wie im skalaren Fall unter Bildung einer **inversen Matrix** $\underline{A}^{-1}$ eindeutig nach $\underline{x}$ auflösen lassen; $\underline{x}$ und $\underline{b}$ sind dabei Spaltenvektoren. Unser Ziel ist analog zum skalaren Fall eine Gleichungsauflösung in der Form

$$\underline{A} \cdot \underline{x} = \underline{b} \quad \Longrightarrow \quad \underline{x} = \underline{A}^{-1} \cdot \underline{b} \tag{67}$$

2.1 Inversion einer (2,2)-Matrix mit der Cramer-Regel

Wir betrachten das lineare $(2,2)$ - System

$$\begin{aligned} a_{11}x_1 + a_{12}x_2 &= b_1 \\ a_{21}x_1 + a_{22}x_2 &= b_2 \end{aligned} \tag{68a}$$

bzw. in Matrixschreibweise

$$\begin{pmatrix} a_{11} & a_{12} \\ a_{21} & a_{22} \end{pmatrix} \begin{pmatrix} x_1 \\ x_2 \end{pmatrix} = \begin{pmatrix} b_1 \\ b_2 \end{pmatrix} \quad \Longleftrightarrow \quad \underline{A} \cdot \underline{x} = \underline{b} \tag{68b}$$

Nach der Cramerschen Regel (s. Abschnitt II.1) folgt daraus falls $\det \underline{A} \neq 0$

$$\begin{aligned} x_1 &= \frac{1}{\det \underline{A}} \cdot \begin{vmatrix} b_1 & a_{12} \\ b_2 & a_{22} \end{vmatrix} = \frac{1}{\det \underline{A}} \cdot (a_{22} \cdot b_1 - a_{12} \cdot b_2) \\ x_2 &= \frac{1}{\det \underline{A}} \cdot \begin{vmatrix} a_{11} & b_1 \\ a_{21} & b_2 \end{vmatrix} = \frac{1}{\det \underline{A}} \cdot (- a_{21} \cdot b_1 + a_{11} \cdot b_2) \end{aligned} \tag{69a}$$

In Matrixschreibweise lauten diese Gleichungen

$$\begin{pmatrix} x_1 \\ x_2 \end{pmatrix} = \frac{1}{\det \underline{A}} \begin{pmatrix} a_{22} & -a_{12} \\ -a_{21} & a_{11} \end{pmatrix} \cdot \begin{pmatrix} b_1 \\ b_2 \end{pmatrix} \tag{69b}$$

Das ist aber bereits die gewünschte Gleichung in der Form (67)

$$\underline{x} = \underline{A}^{-1} \cdot \underline{b} \quad \text{mit} \quad \underline{A}^{-1} = \frac{1}{\det \underline{A}} \cdot \begin{pmatrix} a_{22} & -a_{12} \\ -a_{21} & a_{11} \end{pmatrix} \tag{69c}$$

Bezeichnung: Eine Matrix $\underline{A}$ heißt **regulär,** falls $\det \underline{A} \neq 0$; sie heißt **singulär,** falls $\det \underline{A} = 0$.

Satz: Inversion einer regulären $(2,2)-$ **Matrix**

Jede zweireihige quadratische Matrix $\underline{A}$ mit $\det \underline{A} \neq 0$ besitzt eine **inverse Matrix** oder **Kehrmatrix** $\underline{A}^{-1}$:

$$\boxed{\underline{A} = \begin{pmatrix} a_{11} & a_{12} \\ a_{21} & a_{22} \end{pmatrix} \implies \underline{A}^{-1} = \frac{1}{\det \underline{A}} \cdot \begin{pmatrix} a_{22} & -a_{12} \\ -a_{21} & a_{11} \end{pmatrix}} \tag{70}$$

Beispiel 4.2: Lösen Sie folgende lineare Beziehung auf nach $\underline{x}$:

$$\underline{A} \cdot \underline{x} = \underline{b} \quad \text{mit} \quad \underline{A} = \begin{pmatrix} 2 & 5 \\ 1 & 3 \end{pmatrix} \; ; \quad \underline{b} = \begin{pmatrix} b_1 \\ b_2 \end{pmatrix}$$

Lösung: Für $\underline{A}^{-1}$ ergibt sich nach (70)

$$\underline{A}^{-1} = \frac{1}{1} \cdot \begin{pmatrix} 3 & -5 \\ -1 & 2 \end{pmatrix}$$

Damit erhält man

$$\underline{x} = \underline{A}^{-1} \cdot \underline{b} \iff \begin{pmatrix} x_1 \\ x_2 \end{pmatrix} = \begin{pmatrix} 3 & -5 \\ -1 & 2 \end{pmatrix} \cdot \begin{pmatrix} b_1 \\ b_2 \end{pmatrix}$$

Diese Gleichung liefert die Lösung des Gleichungssystems $\underline{A} \cdot \underline{x} = \underline{b}$ für **beliebige** rechte Seiten $\underline{b}$.

Beispiel 4.3:

$$\underline{B} = \begin{pmatrix} 4 & 1 \\ 5 & 2 \end{pmatrix} \implies \underline{B}^{-1} = \frac{1}{3} \begin{pmatrix} 2 & -1 \\ -5 & 4 \end{pmatrix} = \begin{pmatrix} \frac{2}{3} & -\frac{1}{2} \\ -\frac{5}{3} & \frac{4}{3} \end{pmatrix}$$

$$\underline{C} = \begin{pmatrix} 1 & 1 \\ 1 & 1 \end{pmatrix} \implies \underline{C}^{-1} \text{ existiert nicht}$$

2.2 Inversion einer (3,3)-Matrix mit der Cramer-Regel

Mit unseren Kenntnissen über Determinanten lässt sich auch für die Inverse einer $(3,3)$-Matrix eine allgemeine Formel herleiten. Schreibt man die Cramersche Regel zur Lösung eines linearen $(3,3)$ - Systems ausführlich an, so erhält man nach einigen Umformungen eine Darstellung in der Form $\underline{x} = \underline{A}^{-1} \cdot \underline{b}$. Daraus lässt sich folgendes Ergebnis herleiten:

Satz: Inversion einer regulären (3,3)− Matrix

Jede dreireihige **reguläre Matrix** $\underline{A}$ besitzt eine **inverse Matrix** oder **Kehrmatrix** $\underline{A}^{-1}$:

$$\underline{A} = \begin{pmatrix} a_{11} & a_{12} & a_{13} \\ a_{21} & a_{22} & a_{23} \\ a_{31} & a_{32} & a_{33} \end{pmatrix} \Longrightarrow \underline{A}^{-1} = \frac{1}{\det \underline{A}} \cdot \begin{pmatrix} A_{11} & A_{21} & A_{31} \\ A_{12} & A_{22} & A_{32} \\ A_{13} & A_{23} & A_{33} \end{pmatrix} \tag{71}$$

dabei ist A_{ik} die zum Element a_{ik} gehörende Adjunkte (s. Abschnitt II 2.1).

Beispiel 4.4:

$$\underline{A} = \begin{pmatrix} 2 & 1 & -1 \\ 0 & 2 & 1 \\ 5 & 2 & -3 \end{pmatrix} \Longrightarrow \det \underline{A} = -1 \; ; \quad (A_{ik}) = \begin{pmatrix} -8 & 5 & -10 \\ 1 & -1 & 1 \\ 3 & -2 & 4 \end{pmatrix}$$

$$\Longrightarrow \quad \underline{A}^{-1} = \frac{1}{-1} \cdot \begin{pmatrix} -8 & 5 & -10 \\ 1 & -1 & 1 \\ 3 & -2 & 4 \end{pmatrix}^T = \begin{pmatrix} 8 & -1 & -3 \\ -5 & 1 & 2 \\ 10 & -1 & -4 \end{pmatrix}$$

Beispiel 4.5: $\underline{B} = \begin{pmatrix} a & 0 & 0 \\ 0 & b & 0 \\ 0 & 0 & c \end{pmatrix}$ mit $\det \underline{B} = a \cdot b \cdot c \neq 0$

$$\Longrightarrow \quad \underline{B}^{-1} = \frac{1}{abc} \cdot \begin{pmatrix} bc & 0 & 0 \\ 0 & ca & 0 \\ 0 & 0 & ab \end{pmatrix} = \begin{pmatrix} \frac{1}{a} & 0 & 0 \\ 0 & \frac{1}{b} & 0 \\ 0 & 0 & \frac{1}{c} \end{pmatrix}$$

Ergebnis:

Die Inverse einer regulären Diagonalmatrix ist wieder eine reguläre Diagonalmatrix;
ihre Elemente sind die Kehrwerte der Elemente der Ausgangsmatrix.

Bemerkung: Gleichung (71) lässt sich verallgemeinern. Für die Inverse einer regulären (n, n)-Matrix gilt:

Man erhält $\underline{A}^{-1}$, indem man die Matrix der Adjunkten von $\underline{A}$ transponiert und mit dem Kehrwert der Determinante von $\underline{A}$ multipliziert.

Für $n \geq 3$ ist die Berechnung der inversen Matrix mit Hilfe ihrer Adjunkten im Allgemeinen aber nicht zweckmäßig; der Rechenaufwand zur Ermittlung aller Adjunkten ist bei vollbesetzter Matrix zu groß. Aus den Eigenschaften inverser Matrizen, die im folgenden Abschnitt behandelt werden, ergibt sich eine Berechnungsmethode für inverse Matrizen, die auf dem Gauß-Algorithmus, bzw. auf elementaren Zeilenumformungen beruht und für $n \geq 3$ wesentlich effektiver ist.

2.3 Eigenschaften der inversen Matrix - allgemeine Definition

Formales Multiplizieren der Gleichung $\underline{A} \cdot \underline{x} = \underline{b}$ mit $\underline{A}^{-1}$ von links ergibt wegen $\underline{A}^{-1} \cdot (\underline{A} \cdot \underline{x}) = (\underline{A}^{-1} \cdot \underline{A}) \cdot \underline{x}$

$$(\underline{A}^{-1} \cdot \underline{A}) \cdot \underline{x} = \underline{A}^{-1} \cdot \underline{b}$$

Vergleicht man diese Gleichung mit der nach $\underline{x}$ aufgelösten Form $\underline{x} = \underline{A}^{-1} \cdot \underline{b}$, so erhält man eine wichtige Eigenschaft der inversen Matrix

$$\underline{A}^{-1} \cdot \underline{A} = \underline{E} \qquad (\ \underline{E} = \text{Einheitsmatrix}\ ) \tag{72a}$$

Setzt man $\underline{x} = \underline{A}^{-1} \cdot \underline{b}$ in die Gleichung $\underline{A} \cdot \underline{x} = \underline{b}$ ein, so erhält man die zu (72a) symmetrische Eigenschaft inverser Matrizen

$$\underline{A} \cdot \underline{A}^{-1} = \underline{E} \tag{72b}$$

Die Eigenschaften (72) verwendet man überlicherweise zur Definition der inversen Matrix.

Definition:

Eine quadratische Matrix $\underline{A}$ heißt **invertierbar**, wenn eine Matrix $\underline{A}^{-1}$existiert mit der Eigenschaft

$$\underline{A} \cdot \underline{A}^{-1} = \underline{A}^{-1} \cdot \underline{A} = \underline{E} \tag{73}$$

$\underline{A}^{-1}$ heißt die zu $\underline{A}$ **inverse Matrix** oder **Kehrmatrix.**

Rechenregeln für inverse Matrizen:

$$\begin{array}{|llll|}
\hline
1. & \underline{A} \cdot \underline{A}^{-1} & = \underline{A}^{-1} \cdot \underline{A} & = \underline{E} \\
2. & (\underline{A}^{-1})^{-1} & = \underline{A} & \\
3. & (\underline{A} \cdot \underline{B})^{-1} & = \underline{B}^{-1} \cdot \underline{A}^{-1} & \\
4. & (\underline{A}^{-1})^{T} & = (\underline{A}^{T})^{-1} & \\
\hline
\end{array} \tag{74}$$

Eigenschaft (74.1) ist unmittelbar die Definition; die Eigenschaften(74.2) und (74.4) ergeben sich (für $n = 2$ und $n = 3$) leicht aus den Berechnungsformeln für die inverse Matrix. Zur Eigenschaft (74.3) siehe Aufgabe 45.

Beispiel 4.6: Ermitteln Sie die Matrix $\underline{X}$ aus der Gleichung $\underline{A} \cdot \underline{X} = \underline{B}$ mit

$$\underline{A} = \begin{pmatrix} 2 & 1 \\ -3 & -2 \end{pmatrix} \; ; \quad \underline{B} = \begin{pmatrix} 2 & 5 & -8 \\ -4 & -9 & 14 \end{pmatrix}$$

Lösung: Multiplikation der Gleichung $\underline{A} \cdot \underline{X} = \underline{B}$ mit $\underline{A}^{-1}$ von links liefert

$$\underline{X} = \underline{A}^{-1} \cdot \underline{B} \quad \Longrightarrow \quad \underline{X} \text{ muss } (2,3) \text{ - Matrix sein !}$$

Mit $\underline{A}^{-1} = \frac{1}{-1} \cdot \begin{pmatrix} -2 & -1 \\ 3 & 2 \end{pmatrix} = \begin{pmatrix} 2 & 1 \\ -3 & -2 \end{pmatrix}$ folgt

$$\underline{X} = \begin{pmatrix} 2 & 1 \\ -3 & -2 \end{pmatrix} \cdot \begin{pmatrix} 2 & 5 & -8 \\ -4 & -9 & 14 \end{pmatrix} = \begin{pmatrix} 0 & 1 & -2 \\ 2 & 3 & -4 \end{pmatrix}$$

Beispiel 4.6 zeigt, dass man mit inversen Matrizen auch allgemeinere Matrixgleichungen lösen kann, nicht nur lineare Gleichungssysteme der Form $\underline{A} \cdot \underline{x} = \underline{b}$

Bemerkung: Nach (70) und (71) ist eine quadratische Matrix $\underline{A}$ genau dann invertierbar, wenn $\det \underline{A} \neq 0$, d.h. wenn $\underline{A}$ regulär ist. Das zugehörige lineare (n,n)-Gleichungssystem $\underline{A} \cdot \underline{x} = \underline{b}$ ist ebenfalls genau dann eindeutig lösbar, wenn $\det \underline{A} \neq 0$ ist. Eine eindeutige Lösung eines linearen Gleichungssystems existiert nach dem Hauptsatz (66) aber genau dann, wenn der Rang r der Matrix $\underline{A}$ gleich n ist. Für quadratische Matrizen sind also folgende Aussagen äquivalent:

$$\boxed{\begin{array}{l} \underline{A} \text{ regulär} \iff \det \underline{A} \neq 0 \iff \underline{A}^{-1} \text{ existiert} \\ \iff \underline{A} \cdot \underline{x} = \underline{b} \text{ eindeutig lösbar} \iff r = \operatorname{Rg} \underline{A} = n \end{array}} \qquad (75)$$

2.4 Berechnung der inversen Matrix durch elementare Zeilenumformungen

Ausgehend von der Definitionsgleichung $\underline{A} \cdot \underline{A}^{-1} = \underline{E}$ erhält man ein Verfahren zur Berechnung von $\underline{A}^{-1}$ mit Hilfe elementarer Matrixumformungen wie beim Gauß-Algorithmus. Dieses Verfahren soll zunächst an einer $(2,2)-$Matrix erläutert werden.

Beispiel 4.7: Inversion einer $(2,2)-$Matrix mit dem Gauß-Verfahren

Gegeben: $\underline{A} = \begin{pmatrix} 1 & 1 \\ 2 & 3 \end{pmatrix}$; gesucht: $\underline{A}^{-1} = ?$

Lösung: Macht man für die gesuchte Matrix $\underline{A}^{-1}$ den allgemeinen Ansatz

$$\underline{A}^{-1} = \begin{pmatrix} a_1 & b_1 \\ a_2 & b_2 \end{pmatrix} \quad \text{mit unbestimmten Elementen } a_1, a_2, b_1, b_2$$

so führt die Gleichung

$$\underline{A} \cdot \underline{A}^{-1} = \underline{E} \iff \begin{pmatrix} 1 & 1 \\ 2 & 3 \end{pmatrix} \cdot \begin{pmatrix} a_1 & b_1 \\ a_2 & b_2 \end{pmatrix} = \begin{pmatrix} 1 & 0 \\ 0 & 1 \end{pmatrix}$$

auf folgende linearen Gleichungssysteme für a_1, a_2 bzw. b_1, b_2

$$\text{a)} \quad \begin{aligned} a_1 + a_2 &= 1 \\ 2a_1 + 3a_2 &= 0 \end{aligned} \qquad \text{b)} \quad \begin{aligned} b_1 + b_2 &= 0 \\ 2b_1 + 3b_2 &= 1 \end{aligned}$$

Löst man die Gleichungssysteme jeweils mit Hilfe von elementaren Zeilenumformungen, so erhält man

$$\text{a)} \quad \left(\begin{array}{cc|c} 1 & 1 & 1 \\ 2 & 3 & 0 \end{array}\right) \iff \left(\begin{array}{cc|c} 1 & 1 & 1 \\ 0 & 1 & -2 \end{array}\right) \iff \left(\begin{array}{cc|c} 1 & 0 & 3 \\ 0 & 1 & -2 \end{array}\right)$$

$$\Longrightarrow \quad \underline{a_1 = 3;\ a_2 = -2}$$

$$\text{b)} \quad \left(\begin{array}{cc|c} 1 & 1 & 0 \\ 2 & 3 & 1 \end{array}\right) \iff \left(\begin{array}{cc|c} 1 & 1 & 0 \\ 0 & 1 & 1 \end{array}\right) \iff \left(\begin{array}{cc|c} 1 & 0 & -1 \\ 0 & 1 & 1 \end{array}\right)$$

$$\Longrightarrow \quad \underline{b_1 = -1;\ b_2 = 1}$$

Da beide Gleichungssysteme dieselbe Koeffizientenmatrix $\underline{A}$ besitzen, bei der Lösung also jeweils dieselben Zeilenumformungen vorgenommen werden, kann man die gemeinsame Berechnung der vier Unbekannten a_1, a_2, b_1, b_2 in einem Rechenschema zusammenfassen. Mit den Zahlenwerten des Beispiels sieht das folgendermaßen aus (die erforderlichen Umformungen sind rechts angegeben):

$$\begin{array}{cc|ccc} \underline{A} = & \begin{pmatrix} 1 & 1 \\ 2 & 3 \end{pmatrix} & \begin{pmatrix} 1 & 0 \\ 0 & 1 \end{pmatrix} & = \underline{E} & \begin{matrix} \cdot(-2) \\ \longleftarrow \end{matrix} \\ \hline \downarrow & \begin{pmatrix} 1 & 1 \\ 0 & 1 \end{pmatrix} & \begin{pmatrix} 1 & 0 \\ -2 & 1 \end{pmatrix} & \downarrow & \begin{matrix} \longleftarrow \\ \cdot(-1) \end{matrix} \\ \hline \underline{E} = & \begin{pmatrix} 1 & 0 \\ 0 & 1 \end{pmatrix} & \begin{pmatrix} 3 & -1 \\ -2 & 1 \end{pmatrix} & = \underline{A}^{-1} & \end{array}$$

<u>Ergebnis:</u>

$$\underline{A}^{-1} = \begin{pmatrix} 3 & -1 \\ -2 & 1 \end{pmatrix}$$

Beispiel 4.8: Inversion einer $(3,3)$–Matrix mit Zeilenumformungen

	1	2	−1	1	0	0	·(−2)	·(−2)
$\underline{A} =$	2	5	−3	0	1	0	⟵	
	2	0	1	0	0	1		⟵
	1	2	−1	1	0	0		
	0	1	−1	−2	1	0	·4	
	0	−4	3	−2	0	1	⟵	
	1	2	−1	1	0	0		⟵
	0	1	−1	−2	1	0	⟵	
	0	0	−1	−10	4	1	·(−1)	·(−1)
	1	2	0	11	−4	−1	⟵	
	0	1	0	8	−3	−1	·(−2)	
	0	0	1	10	−4	−1		
	1	0	0	−5	2	1		
	0	1	0	8	−3	−1	$= \underline{A}^{-1}$	
	0	0	1	10	−4	−1		

Ergebnis: $\underline{A} = \begin{pmatrix} 1 & 2 & -1 \\ 2 & 5 & -3 \\ 2 & 0 & 1 \end{pmatrix} \Longrightarrow \underline{A}^{-1} = \begin{pmatrix} -5 & 2 & 1 \\ 8 & -3 & -1 \\ 10 & -4 & -1 \end{pmatrix}$

Regel:

Transformiert man eine (reguläre) Matrix $\underline{A}$ durch elementare Zeilenumformungen in die Einheitsmatrix und wendet die gleichen Zeilenumformungen auf die Einheitsmatrix an, so geht die Einheitsmatrix über in die inverse Matrix $\underline{A}^{-1}$.

Die praktische Berechnung erfolgt dabei nach folgendem **Schema:**

	$\underline{A}$	$\underline{E}$	
↓			↓
	$\underline{E}$	$\underline{A}^{-1}$	

Start: links $\underline{A}$; rechts $\underline{E}$
Elementare Zeilenumformungen bis links $\underline{E}$ entsteht, rechts steht dann $\underline{A}^{-1}$

V Anwendungen

1 Koordinatentransformationen und Abbildungen

1.1 Parallelverschiebung des Koordinatensystems

Das ebene $O, x, y-$Koordinatensystem gehe durch eine Parallelverschiebung über in ein $\overline{O}, \overline{x}, \overline{y}-$System; der neue Ursprung habe die Koordinaten $x = a$, $y = b$. Für einen festen Punkt P gelten dann folgende Beziehungen zwischen seinen Koordinaten (x/y) im alten und $(\overline{x}/\overline{y})$ im neuen Koordinatensystem:

$$\begin{aligned} x &= \overline{x} + a \\ y &= \overline{y} + b \end{aligned} \quad \Longleftrightarrow \quad \begin{aligned} \overline{x} &= x - a \\ \overline{y} &= y - b \end{aligned} \tag{76a}$$

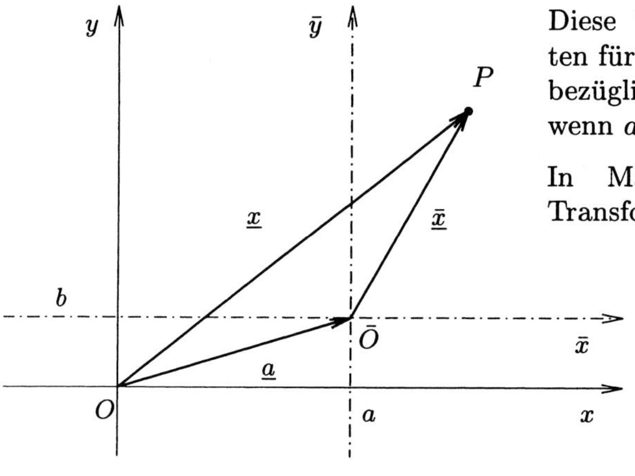

Diese Transformationsgleichungen gelten für beliebige Lagen von $\overline{O}$ und P bezüglich des $O, x, y-$Systems, auch wenn a, b negativ sind.

In Matrixschreibweise lauten diese Transformationsgleichungen:

$$\begin{pmatrix} x \\ y \end{pmatrix} = \begin{pmatrix} 1 & 0 \\ 0 & 1 \end{pmatrix} \begin{pmatrix} \overline{x} \\ \overline{y} \end{pmatrix} + \begin{pmatrix} a \\ b \end{pmatrix} \text{ bzw. } \begin{pmatrix} \overline{x} \\ \overline{y} \end{pmatrix} = \begin{pmatrix} 1 & 0 \\ 0 & 1 \end{pmatrix} \begin{pmatrix} x \\ y \end{pmatrix} - \begin{pmatrix} a \\ b \end{pmatrix} \tag{76b}$$

die Transformation wird also vermittelt durch die Einheitsmatrix und einen Verschiebungsvektor.

Beispiel 5.1: Wie lautet die Gleichung der Parabel $y = x^2 - 4x + 1$ im $\overline{O}, \overline{x}, \overline{y}-$System mit $\overline{O}(2/-3)$?

Lösung: Setzt man gemäß (76) $x = \overline{x} + 2$ und $y = \overline{y} - 3$ in die Kurvengleichung ein, so erhält man

$$\overline{y} - 3 = (\overline{x} + 2)^2 - 4(\overline{x} + 2) + 1 \quad \Longleftrightarrow \quad \overline{y} = \overline{x}^2$$

Diese neue Kurvengleichung ist einfacher als die alte Gleichung, da die $\overline{y}$–Achse Symmetrieachse der Parabel ist und der neue Ursprung im Parabelscheitel liegt.

Übung: Wie lauten die Gleichungen für die Parallelverschiebung eines räumlichen O, x, y, z–Koordinatensystems in ein $\overline{O}, \overline{x}, \overline{y}, \overline{z}$–System?

1.2 Drehung des Koordinatensystems in der Ebene

Hält man den Koordinatenursprung fest und dreht das Koordinatenkreuz um den Winkel φ, so bestehen zwischen den Koordinaten (x/y) eines Punktes P im alten System und seinen Koordinaten $(\overline{x}/\overline{y})$ im neuen, gedrehten System die Beziehungen

$$\begin{aligned} \overline{x} &= x\cos\varphi + y\sin\varphi \\ \overline{y} &= -x\sin\varphi + y\cos\varphi \end{aligned} \iff \begin{pmatrix} \overline{x} \\ \overline{y} \end{pmatrix} = \begin{pmatrix} \cos\varphi & \sin\varphi \\ -\sin\varphi & \cos\varphi \end{pmatrix} \begin{pmatrix} x \\ y \end{pmatrix} \qquad (77a)$$

bzw.

$$\begin{aligned} x &= \overline{x}\cos\varphi - \overline{y}\sin\varphi \\ y &= \overline{x}\sin\varphi + \overline{y}\cos\varphi \end{aligned} \iff \begin{pmatrix} x \\ y \end{pmatrix} = \begin{pmatrix} \cos\varphi & -\sin\varphi \\ \sin\varphi & \cos\varphi \end{pmatrix} \begin{pmatrix} \overline{x} \\ \overline{y} \end{pmatrix} \qquad (77b)$$

Die Transformationsgleichungen (77a) erhält man leicht aus der Betrachtung rechtwinkliger Dreiecke in folgender Skizze:

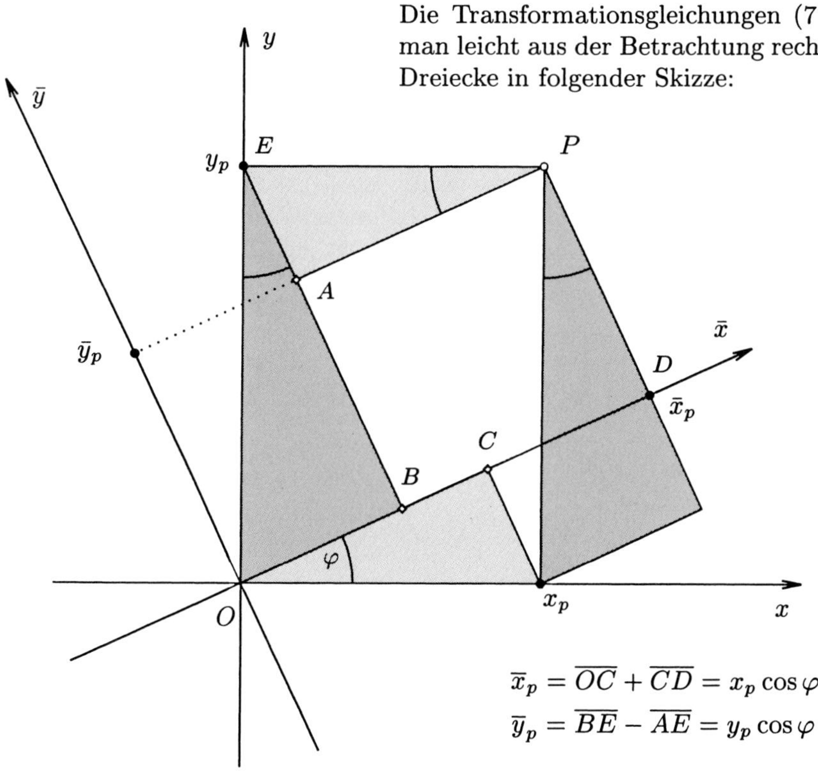

$$\overline{x}_p = \overline{OC} + \overline{CD} = x_p\cos\varphi + y_p\sin\varphi$$

$$\overline{y}_p = \overline{BE} - \overline{AE} = y_p\cos\varphi - x_p\sin\varphi$$

Die Gleichungen (77b) folgen aus (77a), indem man (x, y) und $(\overline{x}, \overline{y})$ vertauscht und φ durch $(-\varphi)$ ersetzt.

Beispiel 5.2:

Gegeben ist im O,x,y–Koordinatensystem die Kurve mit der Gleichung $y = \frac{1}{x}$. Wie lautet ihre Gleichung in einem $O, \overline{x}, \overline{y}$–System, das um $\varphi = 45^0$ gegen das O,x,y–System gedreht ist?

Lösung: Mit $\cos 45^0 = \sin 45^0 = \frac{1}{2}\sqrt{2}$ erhält man aus (77b)

$$x = \frac{1}{2}\sqrt{2}\,\overline{x} - \frac{1}{2}\sqrt{2}\,\overline{y}\ ;\ y = \frac{1}{2}\sqrt{2}\,\overline{x} + \frac{1}{2}\sqrt{2}\,\overline{y}$$

Einsetzen in die Kurvengleichung $xy = 1$ ergibt nach kurzer Rechnung

$$\frac{\overline{x}^2}{2} - \frac{\overline{y}^2}{2} = 1$$

Bei der Kurve handelt es sich also um eine rechtwinklige Hyperbel mit den Halbachsen $a = b = \sqrt{2}$. (s. Band 1 Grundlagen). Asymptoten der Hyperbel sind im O,x,y–System die Koordinatenachsen, im $O,\overline{x},\overline{y}$–System die beiden Winkelhalbierenden.

Beispiel 5.3:

Ein ebenes kartesisches O,x,y–System werde zunächst um den Winkel α in ein $O,\overline{x},\overline{y}$–System gedreht, das anschließend noch um den Winkel β in ein $O\,\overline{\overline{x}}\,\overline{\overline{y}}$–System gedreht wird. Wie lautet die Transformationsmatrix $\underline{A}_{\alpha+\beta}$ von O,x,y nach $O,\overline{\overline{x}},\overline{\overline{y}}$?

Lösung: Führt man die beiden Drehungen schrittweise nacheinander aus, so erhält man die gesuchte Transformationsmatrix als Produkt der beiden Drehmatrizen:

$$\underline{\overline{x}} = \underline{A}_\alpha \cdot \underline{x}\ ;\quad \underline{\overline{\overline{x}}} = \underline{A}_\beta \cdot \underline{\overline{x}} \quad \Longrightarrow \quad \underline{\overline{\overline{x}}} = (\underline{A}_\beta \cdot \underline{A}_\alpha)\ \underline{x}$$

$$\Longrightarrow \underline{A}_{\alpha+\beta} = \underline{A}_\beta \cdot \underline{A}_\alpha = \begin{pmatrix} \cos\beta & \sin\beta \\ -\sin\beta & \cos\beta \end{pmatrix} \cdot \begin{pmatrix} \cos\alpha & \sin\alpha \\ -\sin\alpha & \cos\alpha \end{pmatrix}$$

$$= \begin{pmatrix} \cos\alpha\cos\beta - \sin\alpha\sin\beta & \sin\alpha\cos\beta + \cos a\sin\beta \\ -(\sin\alpha\cos\beta + \cos a\sin\beta) & \cos\alpha\cos\beta - \sin\alpha\sin\beta \end{pmatrix}$$

Andererseits wird die Drehung um den Winkel $\alpha + \beta$ beschrieben durch die Matrix

$$\underline{A}_{\alpha+\beta} = \begin{pmatrix} \cos(\alpha+\beta) & \sin(\alpha+\beta) \\ -\sin(\alpha+\beta) & \cos(\alpha+\beta) \end{pmatrix}$$

Vergleicht man die beiden Darstellungen für die Drehmatrix $\underline{A}_{\alpha+\beta}$, so erhält man die aus der Trigonometrie bekannten **Additionstheoreme**

$$\begin{aligned}\cos(\alpha+\beta) &= \cos\alpha\cos\beta - \sin\alpha\sin\beta\\ \sin(\alpha+\beta) &= \sin\alpha\cos\beta + \cos a\sin\beta\end{aligned}$$

1.3 Lineare Abbildungen

In den bisherigen Betrachtungen werden Punkte bzw. geometrische Gebilde festgehalten und ihre mathematische Beschreibung durch Koordinaten bzw. Funktionsgleichungen in unterschiedlichen Koordinatensystemen angegeben. Hält man umgekehrt das Koordinatensystem fest, so kann man mit Hilfe von Matrizen Punkte bzw. Ortsvektoren aufeinander abbilden.

Durch eine Gleichung der Form

$$\underline{y} = \underline{A}\,\underline{x} \tag{78}$$

wird dem Vektor $\underline{x}$ ein Vektor $\underline{y}$ zugeordnet. Wegen der Gültigkeit der Linearitätseigenschaften

$$\begin{aligned}&\underline{A}\,(\underline{x}_1 + \underline{x}_2) = \underline{A}\,\underline{x}_1 + \underline{A}\,\underline{x}_2\\ &\underline{A}\,(\lambda\,\underline{x}) = \lambda\,(\underline{A}\,\underline{x})\end{aligned} \tag{79}$$

beschreibt (78) eine **lineare Abbildung.** Lineare Abbildungen haben unter anderem die Eigenschaft **geradentreu** zu sein, d.h. das Abbild einer Geraden ist wieder eine Gerade.

Bei **linearen Abbildungen in der** $x, y-$**Ebene** wird dem Ortsvektor $\underline{x}$ des Punktes $P\,(x\,/\,y)$ durch ein lineares Gleichungssystem, bzw. durch die zugehörige Matrix $\underline{A}$ der Ortsvektor $\underline{x}^*$ eines Punktes $P^*(x^*/\,y^*)$ zugeordnet:

$$\underline{x} \to \underline{x}^* = \underline{A}\,\underline{x} \tag{80a}$$

Mit

$$\underline{x} = \begin{pmatrix} x \\ y \end{pmatrix} \;;\quad \underline{x}^* = \begin{pmatrix} x^* \\ y^* \end{pmatrix} \;;\quad \underline{A} = \begin{pmatrix} a_{11} & a_{12} \\ a_{21} & a_{22} \end{pmatrix}$$

lautet diese Abbildungsvorschrift ausführlich

$$\begin{aligned}x^* &= a_{11}x + a_{12}y\\ y^* &= a_{21}x + a_{22}y\end{aligned} \tag{80b}$$

Mit Abbildungen der Form (80) kann man z.B. Drehungen, Streckungen und Spiegelungen beschreiben. Möchte man auch Translationen zulassen, so muss man die Abbildungsgleichung $\underline{x}^* = \underline{A}\,\underline{x}$ ergänzen durch einen konstanten Vektor $\underline{c}$ in der Form $\underline{x}^* = \underline{A}\,\underline{x} + \underline{c}$.

Beispiel 5.4: Die Gerade $y = 2x - 1$ soll

a) zuerst an der 1. Winkelhalbierenden und
anschließend an der x–Achse gespiegelt werden

b) zuerst an der x–Achse und
anschließend an der 1. Wh. gespiegelt werden

Lösung:

Die Spiegelung an der 1. Winkelhalbierenden erhält man durch Vertauschung der x- und y-Koordinaten. Die zugehörigen linearen Abbildungsgleichungen lauten

$$\begin{aligned} x^* &= y \\ y^* &= x \end{aligned} \quad \Longleftrightarrow \quad \begin{pmatrix} x^* \\ y^* \end{pmatrix} = \begin{pmatrix} 0 & 1 \\ 1 & 0 \end{pmatrix} \begin{pmatrix} x \\ y \end{pmatrix}$$

Die Abbildungsmatrix für die Spiegelung an der 1. Winkelhalbierenden hat also die Form

$$\underline{A} = \begin{pmatrix} 0 & 1 \\ 1 & 0 \end{pmatrix}$$

Die Abbildungsmatrix für die Spiegelung an der x-Achse lautet entsprechend

$$\underline{B} = \begin{pmatrix} 1 & 0 \\ 0 & -1 \end{pmatrix}$$

a) Spiegelung an der 1. Wh.: $\underline{x}^* = \underline{A} \cdot \underline{x}$

Spiegelung an der x-Achse: $\underline{x}^{**} = \underline{B} \cdot \underline{x}^*$

$$\Longrightarrow \quad \underline{x}^{**} = (\underline{B} \cdot \underline{A}) \cdot \underline{x}$$

Die Verkettung der beiden Spiegelungen wird durch das Matrizenprodukt $\underline{C}_1 = (\underline{B} \cdot \underline{A})$ beschrieben:

$$\underline{C}_1 = \begin{pmatrix} 1 & 0 \\ 0 & -1 \end{pmatrix} \cdot \begin{pmatrix} 0 & 1 \\ 1 & 0 \end{pmatrix} = \begin{pmatrix} 0 & 1 \\ -1 & 0 \end{pmatrix}$$

Möchte man das Bild der Gerade g: $y = 2x - 1$ mit Hilfe der Matrix $\underline{C}$ ermitteln, so muss man die Geradengleichung in Vektorform angeben. Eine mögliche Form dieser Parameterdarstellung erhält man, indem man z.B. $x = t$ setzt:

$$y = 2x - 1 \quad \Longleftrightarrow \quad \underline{x} = \begin{pmatrix} 0 \\ -1 \end{pmatrix} + t \cdot \begin{pmatrix} 1 \\ 2 \end{pmatrix}$$

Für die Bildgerade g_1^* erhält man damit die Vektordarstellung

$$\underline{x}_1^* = \underline{C}_1 \cdot \underline{x} = \begin{pmatrix} 0 & 1 \\ -1 & 0 \end{pmatrix} \cdot \begin{pmatrix} t \\ 2t - 1 \end{pmatrix} = \begin{pmatrix} 2t - 1 \\ -t \end{pmatrix}$$

bzw. in Koordinatendarstellung

$$\begin{aligned} x_1^* &= 2t-1 \\ y_1^* &= \quad -t \end{aligned}$$

Elimination des Parameters t liefert schließlich die gewohnte Form der Geradengleichung

$$g_1^*: \quad x_1^* = -2y_1^* - 1 \quad \Longleftrightarrow \quad y_1^* = -\frac{1}{2}x_1^* - \frac{1}{2}$$

b) Führt man die beiden Spiegelungen in umgekehrter Reihenfolge aus, so erhält man die Abbildungsmatrix

$$\underline{C}_2 = (\underline{A} \cdot \underline{B}) = \begin{pmatrix} 0 & 1 \\ 1 & 0 \end{pmatrix} \cdot \begin{pmatrix} 1 & 0 \\ 0 & -1 \end{pmatrix} = \begin{pmatrix} 0 & -1 \\ 1 & 0 \end{pmatrix}$$

Man erkennt, dass die beiden Abbildungsmatrizen $\underline{C}_1$ und $\underline{C}_2$ voneinander verschieden sind, dass also das Ergebnis der beiden Spiegelungen von der Reihenfolge abhängt. Wendet man die Matrix $\underline{C}_2$ auf die Gerade g an, so erhält man nach kurzer Rechnung die Bildgerade in der Form

$$g_2^*: \quad y_2^* = -\frac{1}{2}x_2^* + \frac{1}{2}$$

Zusatz:

1. Kontrolle des Ergebnisses in Beispiel 5.4b

$y = 2x - 1$

Spiegeln an x–Achse: $x \to x,\ y \to -y$

$\Rightarrow \quad -y = 2x - 1$

Spiegeln an 1. Wh.: $x \longleftrightarrow y$

$\Rightarrow \quad -x = 2y - 1$

Auflösen nach y

$\Rightarrow \quad y = -\frac{1}{2}x + \frac{1}{2}$

2. Veranschaulichen Sie sich die verschiedenen Abbildungen an einer Skizze der entsprechenden Geraden!

2 Eigenwerte und Eigenvektoren

In vielen Bereichen der Naturwissenschaften, der Technik und der Wirtschaftswissenschaften tritt bei linearen Vektorabbildungen folgende Fragestellung auf: Wann wird durch die Abbildung $\underline{y} = \underline{A}\,\underline{x}$ dem Vektor $\underline{x}$ ein zu sich selbst paralleler Vektor $\underline{y} = \lambda\,\underline{x}$ zugeordnet?

Definition: Eigenwert, Eigenvektor

Eine Zahl λ heißt **Eigenwert** einer quadratischen Matrix $\underline{A}$, wenn die Gleichung

$$\underline{A} \cdot \underline{x} = \lambda \underline{x} \tag{81}$$

einen Lösungsvektor $\underline{x} \neq \underline{0}$ besitzt. Jeder derartige Lösungsvektor heißt **Eigenvektor der Matrix $\underline{A}$ zum Eigenwert λ.**

Für eine **zweireihige quadratische Matrix** $\underline{A}_2$ lautet die **„Eigenwertgleichung"** (81) ausführlich

$$\begin{array}{rcl} a_{11}x_1 + a_{12}x_2 & = & \lambda x_1 \\ a_{21}x_1 + a_{22}x_2 & = & \lambda x_2 \end{array} \iff \begin{array}{rrcl} (a_{11} - \lambda)x_1 + & a_{12}x_2 & = & 0 \\ a_{21}x_1 + & (a_{22} - \lambda)x_2 & = & 0 \end{array} \tag{82a}$$

bzw. in Matrixform mit der Einheitsmatrix $\underline{E}_2$

$$(\underline{A}_2 - \lambda \underline{E}_2) \cdot \underline{x} = \underline{0} \tag{82b}$$

Die Eigenwertgleichung ist also ein **lineares homogenes** Gleichungssystem mit der Koeffizientendeterminante $D = \det(\underline{A}_2 - \lambda \underline{E}_2)$; dieses Gleichungssystem besitzt nach den Lösbarkeitskriterien in Abschnitt III.3.1 genau dann nichttriviale Lösungen, wenn die Koeffizientendeterminante Null ist. Die Bedingung für die Lösbarkeit der Eigenwertgleichung lautet damit

$$\det(\underline{A}_2 - \lambda \underline{E}_2) = 0 \tag{83a}$$

bzw.

$$\begin{vmatrix} a_{11} - \lambda & a_{12} \\ a_{21} & a_{22} - \lambda \end{vmatrix} = (a_{11} - \lambda)(a_{22} - \lambda) - a_{12}a_{21} = 0 \tag{83b}$$

Ausführlich lautet diese Bedingung

$$\lambda^2 - (a_{11} + a_{22})\lambda + (a_{11}a_{22} - a_{12}a_{21}) = 0 \tag{83c}$$

Die linke Seite dieser Gleichung ist ein Polynom vom Grad 2 in der Variablen λ, das sogenannte **charakteristische Polynom;** Gleichung (83) heißt **charakteristische Gleichung** der Matrix $\underline{A}_2$. Lösungen dieser quadratischen Gleichung sind die **Eigenwerte** λ_1 und λ_2 der Matrix $\underline{A}_2$. Setzt man diese Eigenwerte λ_1 bzw. λ_2 in das Gleichungssystem (82) ein, so erhält man als Lösungen die zu den Eigenwerten λ_1 bzw. λ_2 gehörenden **Eigenvektoren** $\underline{x}_1$ bzw. $\underline{x}_2$.

Beispiel 5.5: Eigenwerte und Eigenvektoren der Matrix $\underline{A} = \begin{pmatrix} 2 & 1 \\ 2 & 3 \end{pmatrix}$

Lösung: Die charakteristische Gleichung lautet

$$\det(\underline{A}-\lambda\underline{E}) = \begin{vmatrix} 2-\lambda & 1 \\ 2 & 3-\lambda \end{vmatrix} = \lambda^2-5\lambda+4 = 0$$

Lösungen dieser Gleichung sind die Eigenwerte

$$\lambda_1 = 4\ ; \qquad \lambda_2 = 1$$

Ermittlung des zu $\lambda_1 = 4$ gehörenden Eigenvektors $\underline{x}_1$:

Setzt man $\lambda_1 = 4$ in das Gleichungssystem $(\underline{A} - \lambda\underline{E}) \cdot \underline{x} = \underline{0}$ ein, so erhält man

$$\begin{aligned} -2x_1 + x_2 &= 0 \\ 2x_1 - x_2 &= 0 \end{aligned}$$

Diese Gleichungen sind linear abhängig; man kann eine Unbekannte frei wählen. Ein spezieller Eigenvektor zum Eigenwert $\lambda_1 = 4$ ist also z.B.

$$\underline{x}_1 = \begin{pmatrix} 1 \\ 2 \end{pmatrix}$$

Ermittlung des zu $\lambda_2 = 1$ gehörenden Eigenvektors $\underline{x}_2$:

Setzt man $\lambda_2 = 1$ ein, so erhält man das Gleichungssystem

$$\begin{aligned} x_1 + x_2 &= 0 \\ 2x_1 + 2x_2 &= 0 \end{aligned}$$

Die beiden Gleichungen sind wieder linear abhängig; ein spezieller Eigenvektor zum Eigenwert $\lambda_2 = 1$ ist also z.B.

$$\underline{x}_2 = \begin{pmatrix} 1 \\ -1 \end{pmatrix}$$

Bemerkungen:

1. Die Eigenwertgleichung führt auf lineare homogene Gleichungssysteme. Mit jedem Eigenvektor $\underline{x}_i$ ist also auch jedes Vielfache $p \cdot \underline{x}_i$ (mit $p \neq 0$) ein Eigenvektor. Man spricht deshalb auch von **Eigenrichtungen.**
2. Für manche Anwendungen ist es sinnvoll, Eigenvektoren vom Betrag 1 zu ermitteln. In Beispiel 5.5 erhält man dann die normierten Eigenvektoren

$$\underline{e}_1 = \frac{1}{\sqrt{5}}\begin{pmatrix} 1 \\ 2 \end{pmatrix}\ ; \quad \underline{e}_2 = \frac{1}{\sqrt{2}}\begin{pmatrix} 1 \\ -1 \end{pmatrix}$$

Die Gleichungen (81) - (83) des Eigenwertproblems einer zweireihigen quadratischen Matrix lassen sich formal leicht auf **quadratische Matrizen beliebiger Ordnung** n übertragen:

Die **Eigenwertgleichung**

$$\underline{A} \cdot \underline{x} = \lambda \underline{x} \tag{84}$$

ist äquivalent zu einem linearen homogenen Gleichungssystem der Form

$$(\underline{A} - \lambda \underline{E}) \cdot \underline{x} = \underline{0}. \tag{85}$$

Dieses Gleichungssystem ist genau dann nichttrivial lösbar, wenn gilt

$$\det(\underline{A} - \lambda \underline{E}) = 0 \tag{86}$$

Die linke Seite dieser **charakteristischen Gleichung** ist ein Polynom vom Grad n in der Variablen λ. Nullstellen des **charakteristischen Polynoms** sind **Eigenwerte der Matrix** $\underline{A}$. Setzt man die Eigenwerte der Reihe nach in das Gleichungssystem (85) ein, so erhält man jeweils als Lösung des Gleichungssystems die zugehörigen **Eigenvektoren** (bzw. **Eigenrichtungen**).

Beispiel 5.6: Eigenwerte und Eigenvektoren der Matrix $\begin{pmatrix} 2 & -2 & 0 \\ -2 & 1 & -2 \\ 0 & -2 & 0 \end{pmatrix}$

Lösung: Die charakteristische Gleichung lautet

$$\det(\underline{A} - \lambda \underline{E}) = \begin{vmatrix} (2-\lambda) & -2 & 0 \\ -2 & (1-\lambda) & -2 \\ 0 & -2 & -\lambda \end{vmatrix} = 0$$

Kurze Zwischenrechnung liefert die faktorisierte Form

$$-(\lambda - 1)(\lambda + 2)(\lambda - 4) = 0$$

Die Eigenwerte der Matrix $\underline{A}$ sind also

$$\lambda_1 = 1 \; ; \quad \lambda_2 = -2 \; ; \quad \lambda_3 = 4$$

<u>Ermittlung des zu $\lambda_1 = 1$ gehörenden Eigenvektors:</u>

$\lambda_1 = 1$ in das Gleichungssystem $(\underline{A} - \lambda \underline{E}) = \underline{0}$ einsetzen:

$$\begin{aligned} x_1 - 2x_2 &= 0 \\ -2x_1 - 2x_3 &= 0 \\ -2x_2 - x_3 &= 0 \end{aligned}$$

Einfache Rechnung ergibt als Lösung dieses homogenen Gleichungssystems alle Vektoren der Form

$$\underline{x}_1 = p \cdot \begin{pmatrix} 2 \\ 1 \\ -2 \end{pmatrix} \quad ; \quad \text{mit } p \in R \quad (p \neq 0)$$

Entsprechend erhält man zu $\lambda_2 = -2$ und $\lambda_3 = 4$ als Eigenvektoren (bzw. Eigenrichtungen)

$$\lambda_2 = -2 \quad \Rightarrow \quad \underline{x}_2 = p \cdot \begin{pmatrix} 1 \\ 2 \\ 2 \end{pmatrix} \quad ; \quad \text{mit } p \in R \quad (p \neq 0)$$

$$\lambda_3 = 4 \quad \Rightarrow \quad \underline{x}_3 = p \cdot \begin{pmatrix} 2 \\ -2 \\ 1 \end{pmatrix} \quad ; \quad \text{mit } p \in R \quad (p \neq 0)$$

Zusatz: Bildet man paarweise die Skalarprodukte der drei Eigenvektoren $\underline{x}_1, \underline{x}_2, \underline{x}_3$, so stellt man fest, dass alle diese Skalarprodukte Null sind. Geometrisch bedeutet das, dass die Eigenvektoren paarweise senkrecht aufeinander stehen, d.h. dass sie orthogonal sind (→ Band 3: Vektorrechnung).

In den Anwendungen treten häufig symmetrische Matrizen auf. Für diesen besonders wichtigen Sonderfall gilt der folgende Satz (vgl. Beispiel 5.6)

Satz: Eigenwerte und Eigenvektoren symmetrischer Matrizen

Für symmetrische Matrizen (mit reellen Elementen) gilt:

a) Die n Eigenwerte sind alle reell (eventuell mehrfach).

b) Zu verschiedenen Eigenwerten gehören orthogonale Eigenvektoren bzw. Eigenrichtungen.

c) Zu einem k–fachen Eigenwert gibt es k paarweise orthogonale Eigenvektoren.

d) Aus den n Eigenvektoren lässt sich ein System von n paarweise orthogonalen Einheitsvektoren bilden.

Zusatz:

Legt man n Koordinatenachsen in die Richtung dieser Eigenvektoren (Eigenrichtungen von $\underline{A}_n$), so erhält man das sogenannte **Hauptachsensystem**, in dem sich das zugrundeliegende geometrische oder physikalisch-technische Problem besonders einfach beschreiben lässt.

3 Elektrische Netzwerke

Bei der Berechnung von Strömen in elektrischen Netzwerken ergeben sich lineare Beziehungen zwischen Strömen und Spannungen, die sich mit den Hilfsmitteln der Linearen Algebra bearbeiten lassen.

Beispiel 5.7: In der skizzierten Schaltung seien die Widerstände R_1, R_2, R_3, R_4 und die Spannung U_0 gegeben. Stellen Sie mit Hilfe der Kirchhoffschen Gesetze (Knoten- und Maschenregel) ein Gleichungssystem für die unbekannten Ströme I_1, I_2, I_3 auf und ermitteln Sie diese Ströme.

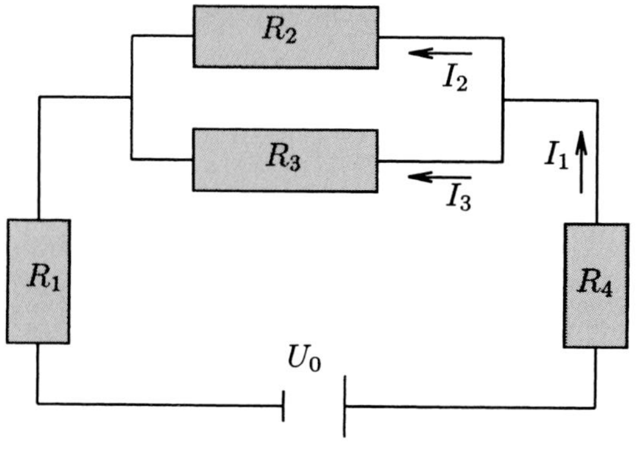

Knotenregel

(1. Kirchhoffsches Gesetz):
In jedem Knoten ist die Summe der zufließenden und abfließenden Ströme gleich Null.

Maschenregel

(2. Kirchhoffsches Gesetz)
In jeder Masche ist die Summe der Spannungen gleich Null.

Lösung:

a) Aufstellung des Gleichungssystems:

Knoten:	$I_1 - I_2 - I_3 = 0$
1. Masche:	$R_2 \cdot I_2 - R_3 \cdot I_3 = 0$
2. Masche:	$(R_1 + R_4) \cdot I_1 + R_2 \cdot I_2 = U_0$

b) Matrix-Darstellung

$$\begin{pmatrix} 1 & -1 & -1 \\ 0 & R_2 & -R_3 \\ (R_1 + R_4) & R_2 & 0 \end{pmatrix} \begin{pmatrix} I_1 \\ I_2 \\ I_3 \end{pmatrix} = \begin{pmatrix} 0 \\ 0 \\ U_0 \end{pmatrix}$$

c) Lösung (z.B. mit Cramer-Regel):

$$I_1 = \frac{U_0(R_2 + R_3)}{D} \; ; \quad I_2 = \frac{U_0 R_3}{D} \; ; \quad I_3 = \frac{U_0 R_2}{D}$$

mit $D = R_1 R_2 + R_1 R_3 + R_2 R_3 + R_2 R_4 + R_3 R_4$

4 Matrizen in der Produktionsplanung

Bei mehrstufigen Produktionsprozessen werden aus Rohstoffen Zwischenprodukte und daraus dann Endprodukte hergestellt. Solche Prozesse lassen sich elegant mit Hilfe von Matrizen beschreiben.

Beispiel 5.8 Zweistufiger Produktionsprozess

Aus drei Rohstoffen R_1, R_2, R_3 werden vier Zwischenprodukte $Z_1, \ldots Z_4$ hergestellt. Dabei benötigt man

für Z_1 12 Mengeneinheiten (ME) von R_1 und 8 ME von R_3
für Z_2 9 ME von R_1, 4 ME von R_2 und 6 ME von R_3
für Z_3 10 ME von R_2 und 7 ME von R_3
für Z_4 20 ME von R_3

Zur Herstellung der Endprodukte benötigt man

für E_1 6 ME von Z_1, 2 ME von Z_2 und 5 ME von Z_3
für E_2 4 ME von Z_1, 3 ME von Z_3 und 8 ME von Z_4

a) Beschreiben Sie die Zusammenhänge zwischen Rohstoffen, Zwischenprodukten und Endprodukten durch geeignete Matrizen.

b) Wieviele Mengeneinheiten benötigt man von jedem Rohstoff, um 20 ME von E_1 und 25 ME von E_2 herzustellen?

Lösung:

a) Der Zusammenhang zwischen Rohstoff und Zwischenprodukt und zwischen Zwischenprodukt und Endprodukt lässt sich jeweils in einer Tabelle darstellen

	R_1	R_2	R_3
Z_1	12	0	8
Z_2	9	4	6
Z_3	0	10	7
Z_4	0	0	20

	Z_1	Z_2	Z_3	Z_4
E_1	6	2	5	0
E_2	4	0	3	8

Bezeichnet man mit

r_i die ME der benötigten Rohstoffe R_i $(i = 1, 2, 3)$
z_j die ME der Zwischenprodukte Z_j $(j = 1, 2, 3, 4)$
e_k die ME der Endprodukte E_k $(k = 1, 2)$

und führt entsprechende (Spalten-)Vektoren ein:

$\underline{r}$ Rohstoff-Vektor
$\underline{z}$ Zwischenprodukt-Vektor
$\underline{e}$ Endprodukt-Vektor,

so lassen sich die Zusammenhänge wie folgt darstellen:

$$\underline{r} = \underline{A} \cdot \underline{z} \quad \text{mit} \quad \underline{A} = \begin{pmatrix} 12 & 9 & 0 & 0 \\ 0 & 4 & 10 & 0 \\ 8 & 6 & 7 & 20 \end{pmatrix} ;$$

$$\underline{z} = \underline{B} \cdot \underline{e} \quad \text{mit} \quad \underline{B} = \begin{pmatrix} 6 & 4 \\ 2 & 0 \\ 5 & 3 \\ 0 & 8 \end{pmatrix}$$

Dabei ist $\underline{A}$ die „Rohstoff-Zwischenprodukt-Matrix“ und $\underline{B}$ die „Zwischenprodukt-Endprodukt-Matrix“.

Setzt man die beiden linearen Beziehungen ineinander ein, so erhält man den Zusammenhang zwischen den gewünschten Endprodukten und den dafür benötigten Rohstoffen

$$\left\{ \begin{array}{c} \underline{r} = \underline{A} \cdot \underline{z} \\ \underline{z} = \underline{B} \cdot \underline{e} \end{array} \right\} \quad \Longrightarrow \quad \underline{r} = (\underline{A} \cdot \underline{B}) \cdot \underline{e} = \underline{C} \cdot \underline{e}$$

Ausführlich angeschrieben lautet die „Rohstoff-Endprodukt-Matrix“ $\underline{C}$

$$\underline{C} = (\underline{A} \cdot \underline{B}) = \begin{pmatrix} 12 & 9 & 0 & 0 \\ 0 & 4 & 10 & 0 \\ 8 & 6 & 7 & 20 \end{pmatrix} \cdot \begin{pmatrix} 6 & 4 \\ 2 & 0 \\ 5 & 3 \\ 0 & 8 \end{pmatrix} = \begin{pmatrix} 90 & 48 \\ 58 & 30 \\ 95 & 216 \end{pmatrix}$$

b) Mit dem Endprodukt-Vektor $\underline{e} = \begin{pmatrix} 20 \\ 25 \end{pmatrix}$ erhält man den Rohstoff-Vektor

$$\underline{r} = \underline{C} \cdot \underline{e} = \begin{pmatrix} 90 & 48 \\ 58 & 30 \\ 95 & 216 \end{pmatrix} \cdot \begin{pmatrix} 20 \\ 25 \end{pmatrix} = \begin{pmatrix} 3000 \\ 1910 \\ 7300 \end{pmatrix}$$

Ergebnis: Es werden 3000 ME von R_1, 1910 ME von R_2 und 7300 ME von R_3 benötigt.

VI Aufgaben

1 Matrizen 1

Aufgabe 1

Berechnen Sie die Matrix $\underline{X}$ aus folgender Gleichung

$$\begin{pmatrix} 6 & -2 \\ 4 & 10 \end{pmatrix} - 2\left\{\begin{pmatrix} 4 & 2 \\ 0 & 3 \end{pmatrix} - \underline{X}\right\} = \frac{1}{2}\cdot\begin{pmatrix} 8 & 0 \\ -4 & 12 \end{pmatrix}$$

Aufgabe 2

Ermitteln Sie $\underline{X}$ und $\underline{Y}$ aus folgendem Gleichungssystem

$$3\underline{X} - 2\underline{Y} = \begin{pmatrix} 1 & 0 \\ 0 & 1 \end{pmatrix} \quad ; \qquad 4\underline{X} + \underline{Y} = \begin{pmatrix} 2 & 3 \\ -1 & 0 \end{pmatrix}$$

Aufgabe 3

Bestimmen Sie die Matrix $\underline{A}_{(3,3)}$ mit den Elementen

$$a_{ik} = \left\{\begin{array}{lll} i-1 & \text{für} & i < k \\ i+1 & \text{für} & i \geq k \end{array}\right\}$$

Aufgabe 4

Bestimmen Sie die Matrix $\underline{A}_{(4,4)}$, deren Elemente a_{ik} folgende Bedingungen erfüllen:

$$a_{ik} = \left\{\begin{array}{lll} 1 & \text{für} & i = k \\ 2 & \text{für} & i = k-2 \\ 3 & \text{für} & i = k+2 \\ 4 & \text{sonst} & \end{array}\right\}$$

Aufgabe 5

Die Elemente einer $(3,3)$-Matrix sind gegeben durch

$$a_{ik} = (i-3)(2k-4) \quad \{\text{ für } i = 1,2,3; \quad k = 1,2,3\}$$

Berechnen Sie $s = \sum\limits_{n=1}^{3} a_{nn}$

Aufgabe 6

Gegeben sind die Matrizen

$$\underline{A} = \begin{pmatrix} 2 \\ 1 \\ 3 \end{pmatrix} ; \quad \underline{B} = \begin{pmatrix} 1 & 2 & 3 \end{pmatrix} ; \quad \underline{C} = \begin{pmatrix} 2 & 1 & 1 \\ 3 & 0 & 1 \end{pmatrix}$$

$$\underline{D} = \begin{pmatrix} 2 & 2 & 3 \\ 1 & -1 & 0 \\ -1 & 2 & 1 \end{pmatrix} ; \quad \underline{M} = \begin{pmatrix} 1 & -4 & -3 \\ 1 & -5 & -3 \\ -1 & 6 & 4 \end{pmatrix}$$

Berechnen Sie, falls möglich, folgende Matrizenprodukte

a) $\underline{A} \cdot \underline{B}$	b) $\underline{B} \cdot \underline{A}$	c) $\underline{A} \cdot \underline{C}$	d) $\underline{C} \cdot \underline{A}$	e) $\underline{A} \cdot \underline{D}$
f) $\underline{D} \cdot \underline{A}$	g) $\underline{B} \cdot \underline{C}$	h) $\underline{C} \cdot \underline{B}$	i) $\underline{B} \cdot \underline{M}$	k) $\underline{M} \cdot \underline{B}$
l) $\underline{D} \cdot \underline{M}$	m) $\underline{M} \cdot \underline{D}$	n) $\underline{A}^2$	o) $\underline{C}^2$	p) $\underline{D}^2$

Aufgabe 7

Bestätigen Sie die Gültigkeit des Gesetzes $(\underline{A} \cdot \underline{B})^T = \underline{B}^T \cdot \underline{A}^T$ für

$$\underline{A} = \begin{pmatrix} 2 & 1 & -3 \\ 3 & -1 & -2 \end{pmatrix} ; \quad \underline{B} = \begin{pmatrix} 1 & 4 \\ -2 & 1 \\ 3 & 0 \end{pmatrix}$$

Aufgabe 8

a) Schreiben Sie das Gleichungssystem in Matrizenform

$$\begin{aligned} 5x_1 + 2x_2 - x_3 &= 1 \\ 2x_1 + 4x_2 &= 0 \\ - 3x_2 + 2x_3 &= -4 \end{aligned}$$

b) Gegeben sind die Matrizen

$$\underline{A} = \begin{pmatrix} 2 & -3 \\ -1 & 5 \\ 0 & 4 \end{pmatrix} ; \quad \underline{b} = \begin{pmatrix} 3 \\ 2 \\ 1 \end{pmatrix}$$

Schreiben Sie das Gleichungssystem $\underline{A} \cdot \underline{x} = \underline{b}$ ausführlich an.

Aufgabe 9

Zeigen Sie: Zwischen den Matrizen (Pauli - Spin-Matrizen)

$$\underline{S}_1 = \begin{pmatrix} 0 & 1 \\ 1 & 0 \end{pmatrix} ; \quad \underline{S}_2 = \begin{pmatrix} 0 & -j \\ j & 0 \end{pmatrix} ; \quad \underline{S}_3 = \begin{pmatrix} 1 & 0 \\ 0 & -1 \end{pmatrix}$$

bestehen die folgenden Beziehungen ($\underline{E}$ ist die Einheitsmatrix; j ist die imaginäre Einheit mit der Eigenschaft $j^2 = -1$)

$$\text{a) } \underline{S}_1 \cdot \underline{S}_2 = j \cdot \underline{S}_3 \text{ ; b) } \underline{S}_2 \cdot \underline{S}_1 = -j \cdot \underline{S}_3 \text{ ; c) } \underline{S}_1^2 = \underline{S}_2^2 = \underline{S}_3^2 = \underline{E}$$

Aufgabe 10

Gegeben sind die Matrizen

$$\underline{C}_1 = \begin{pmatrix} 1 & -2 & 3 & 4 \\ 3 & q & 2 & -1 \\ -2 & p & 3 & 1 \\ 0 & 1 & -5 & 0 \end{pmatrix} ; \quad \underline{C}_2 = \begin{pmatrix} 2 & 1 & 2 \\ 0 & 3 & -3 \\ -4 & 0 & 1 \\ 1 & -2 & 0 \end{pmatrix}$$

Bestimmen Sie das Element d_{23} der Matrix $\underline{D} = \underline{C}_1 \cdot \underline{C}_2$

Aufgabe 11

Gegeben sind die Matrizen $\underline{A} = \begin{pmatrix} 3 & -4 \\ 1 & 7 \end{pmatrix}$; $\underline{B} = \begin{pmatrix} p & 0 \\ 0 & q \end{pmatrix}$

Welcher Bedingung müssen die reellen Parameter p und q genügen, damit gilt

$$\underline{A} \cdot \underline{B} = \underline{B} \cdot \underline{A} \text{ ?}$$

Aufgabe 12 $\underline{A} = \begin{pmatrix} \cos x & \sin x \\ \sin x & -\cos x \end{pmatrix}$; $\underline{A}^4 = ?$

Aufgabe 13 $\underline{A} = \begin{pmatrix} 1 & 0 \\ a & 1 \end{pmatrix} \Longrightarrow \underline{A}^6 = ?$

Aufgabe 14 $\underline{B} = \begin{pmatrix} 0 & 0 & z \\ 0 & y & 0 \\ x & 0 & 0 \end{pmatrix} \Longrightarrow \underline{B}^2 = ?$

Aufgabe 15

Gegeben ist die Matrix $\underline{A} = \begin{pmatrix} -1 & p \\ q & -1 \end{pmatrix}$. Wie muss man die reellen Parameter p, q wählen, damit gilt $\underline{A}^T \cdot \underline{A} = 2\,\underline{E}$?

Aufgabe 16

Für welche Matrix $\underline{B} = (b_{ik})$ gilt

$$\underline{B} \cdot \begin{pmatrix} 1 \\ 0 \end{pmatrix} = \begin{pmatrix} 1 \\ 0 \end{pmatrix} \quad \text{und} \quad \underline{B} \cdot \begin{pmatrix} 1 \\ -2 \end{pmatrix} = \begin{pmatrix} -1 \\ 2 \end{pmatrix}$$

Aufgabe 17

Wie muss man den Parameter c in der Matrix $\underline{A} = \begin{pmatrix} 1 & c \\ c & 1 \end{pmatrix}$ wählen, damit die Gleichung $x^2 - 12xy + y^2 = 72$ durch die Matrixgleichung $\begin{pmatrix} x & y \end{pmatrix} \cdot \underline{A} \cdot \begin{pmatrix} x \\ y \end{pmatrix} = 72$ dargestellt wird ?

2 Determinanten

Aufgabe 18

Welche Werte von x, y, z erfüllen die Gleichungen ?

a) $\begin{vmatrix} a-x & b \\ b & c-x \end{vmatrix} = 0$; b) $\begin{vmatrix} y^2 & 4 & 9 \\ y & 2 & 3 \\ 1 & 1 & 1 \end{vmatrix} = 0$

c) $\left| \begin{pmatrix} 3 & 1 & 0 \\ -4 & -1 & 0 \\ 4 & -8 & -2 \end{pmatrix} - z \cdot \begin{pmatrix} 1 & 0 & 0 \\ 0 & 1 & 0 \\ 0 & 0 & 1 \end{pmatrix} \right| = 0$

Aufgabe 19

Berechnen Sie die Determinanten

a) $\begin{vmatrix} \sin\alpha & \cos\alpha \\ -\cos\alpha & \sin\alpha \end{vmatrix}$ b) $\begin{vmatrix} 1 & \log_a b \\ \log_b a & 1 \end{vmatrix}$ c) $\begin{vmatrix} -x & 1 & x \\ 0 & -x & -1 \\ x & 1 & -x \end{vmatrix}$

Aufgabe 20

Berechnen Sie die Determinanten

a) $\begin{vmatrix} 1 & 2 & 5 \\ 3 & -4 & 7 \\ -3 & 12 & -15 \end{vmatrix}$ b) $\begin{vmatrix} 17 & 1 & -3 & 0 \\ -14 & 3 & 2 & 10 \\ 0 & 0 & 1 & 0 \\ -4 & 2 & 0 & 1 \end{vmatrix}$

Aufgabe 21

Berechnen Sie die Determinante $D = \begin{vmatrix} e^x + e^{-x} & e^x - e^{-x} \\ e^x - e^{-x} & e^x + e^{-x} \end{vmatrix}$

Aufgabe 22

Wie muss x gewählt werden, damit folgende Gleichung gilt

$$\begin{vmatrix} e^{-x} & 1 & -1 \\ 0 & 3e^{x} & e^{-x} \\ 0 & e^{x} & e^{-2x} \end{vmatrix} = 0\ ?$$

Aufgabe 23

Lösen Sie folgendes Gleichungssystem mit der Cramerschen Regel

$$\begin{aligned} \cos\alpha \cdot x \;-\; \sin\alpha \cdot y &= a \\ \sin\alpha \cdot x \;+\; \cos\alpha \cdot y &= b \end{aligned}$$

3 Lineare Gleichungssysteme

Aufgabe 24

Gegeben ist die allgemeine (3, 3)-Matrix

$$\underline{A} = \begin{pmatrix} a_{11} & a_{12} & a_{13} \\ a_{21} & a_{22} & a_{23} \\ a_{31} & a_{32} & a_{33} \end{pmatrix}$$

Bestimmen Sie $\underline{A} \cdot \underline{x}_i$ für folgende Vektoren

$$\text{a) } \underline{x}_1 = \begin{pmatrix} 1 \\ 0 \\ 0 \end{pmatrix} \;;\; \text{b) } \underline{x}_2 = \begin{pmatrix} 0 \\ 1 \\ 0 \end{pmatrix} \;;\; \text{c) } \underline{x}_3 = \begin{pmatrix} 0 \\ 0 \\ 1 \end{pmatrix}$$

Formulieren Sie das Ergebnis in Worten!

Aufgabe 25

Für welche Werte des reellen Parameters p existieren Lösungen des Gleichungssystems

$$\begin{aligned} 9x - 6y &= p \\ -6x + 4y &= 2 \end{aligned} \quad ?$$

Aufgabe 26

Schneiden sich folgende Geraden in einem Punkt? (Rechnung und Skizze!)

$$\text{a) } \begin{aligned} 2x - 3y &= 6 \\ 3x + y &= 9 \\ x + 4y &= 3 \end{aligned} \qquad \text{b) } \begin{aligned} 2x - 3y &= 6 \\ x + 2y &= 4 \\ x - 5y &= 5 \end{aligned}$$

Aufgabe 27

Wieviele Lösungen haben die Gleichungssysteme?

$$\text{a)}\quad \begin{aligned} 3x_1 - 4x_2 + 5x_3 &= 1 \\ x_1 - 3x_2 + 2x_3 &= 1 \\ 2x_1 + 2x_2 + x_3 &= 1 \end{aligned} \qquad \text{b)}\quad \begin{aligned} 3x_1 - 4x_2 + 5x_3 &= 1 \\ x_1 - 6x_2 + 4x_3 &= 1 \\ 2x_1 + 2x_2 + x_3 &= 1 \end{aligned}$$

$$\text{c)}\quad \begin{aligned} 3x_1 - 4x_2 + 5x_3 &= 1 \\ x_1 + 8x_2 - 3x_3 &= 1 \\ 2x_1 + 2x_2 + x_3 &= 1 \end{aligned}$$

Aufgabe 28

Gegeben sind die Matrizen

$$\underline{A} = \begin{pmatrix} 1 & 1 & p \\ 1 & p & 1 \\ p & 1 & 1 \end{pmatrix} \; ; \quad \underline{b} = \begin{pmatrix} 1 \\ p \\ p^2 \end{pmatrix}$$

Für welche Werte des reellen Parameters p ist das Gleichungssystem $\underline{A} \cdot \underline{x} = \underline{b}$ lösbar? Wie lauten jeweils die Lösungen?

Aufgabe 29

Lösen Sie das Gleichungssystem

$$\begin{aligned} x_1 + x_2 &= 0 \\ x_2 + x_3 &= 0 \\ x_3 + x_4 &= 0 \\ x_4 + x_5 &= 0 \\ x_1 - x_5 &= 0 \end{aligned}$$

Aufgabe 30

a) Welcher Bedingung müssen p, q, r genügen, damit das lineare Gleichungssystem $\underline{A} \cdot \underline{x} = \underline{b}$ mit

$$\underline{A} = \begin{pmatrix} 2 & -1 & 3 \\ -1 & 2 & -2 \\ 1 & 4 & 0 \end{pmatrix} \; ; \quad \underline{b} = \begin{pmatrix} p \\ q \\ r \end{pmatrix} \quad \text{lösbar ist ?}$$

b) Welcher Wert ergibt sich für r, falls man $p = 1$ und $q = 0$ setzt ?

c) Wie lautet die allgemeine Lösung für die speziellen Werte p, q, r aus Teil b) ?

Aufgabe 31

Für welche Werte von p ist $\underline{A} \cdot \underline{x} = \underline{0}$ nichttrivial lösbar?

a) $\underline{A} = \begin{pmatrix} 3 & 2 & 1 \\ 1 & 1 & 1 \\ 2 & 1 & p \end{pmatrix}$ b) $\underline{A} = \begin{pmatrix} (2-p) & 1 & -\frac{2}{3} \\ 2 & (3-p) & -\frac{4}{3} \\ 3 & 3 & -(1+p) \end{pmatrix}$

Lösung ? Lösung für $p = 2$?

Aufgabe 32

Für welche Werte des Parameters a hat das Gleichungssystem

$$\begin{aligned} x + y - z &= 1 \\ 2x + 3y + az &= 3 \\ x + ay + 3z &= 2 \end{aligned}$$

a) keine Lösung, b) unendlich viele Lösungen, c) eine eindeutige Lösung ?

Aufgabe 33

Gegeben sind die linearen Gleichungen

$$\begin{aligned} 6y_1 - 5y_2 &= 4x_1 - 5x_2 + 3x_3 - 8 \\ -2y_1 + 3y_2 &= -2x_1 + 3x_2 - x_3 + 4 \end{aligned}$$

$$\begin{aligned} z_1 &= y_1 - 2y_2 + \tfrac{3}{4}x_1 + \tfrac{1}{2}x_3 + \tfrac{3}{2} \\ z_2 &= 4y_2 + x_2 - 2 \\ z_3 &= 2y_1 + \tfrac{1}{2}x_1 + 2x_3 - 1 \end{aligned}$$

a) Zeigen Sie, dass die Gleichungen in Matrixform

$\underline{A}\,\underline{y} = \underline{B}\,\underline{x} + \underline{a}$; $\underline{z} = \underline{C}\,\underline{y} + \underline{D}\,\underline{x} + \underline{b}$

geschrieben werden können. Wie lauten die Matrizen $\underline{A}$, $\underline{B}$, $\underline{C}$, $\underline{D}$ und die Vektoren $\underline{a}$, $\underline{b}$?

b) Bringen Sie die Gleichungssysteme in die Form $\underline{z} = \underline{R}\,\underline{x} + \underline{c}$

c) Für welche x-Werte ergeben sich die z-Werte $z_1 = 1$, $z_2 = 0$, $z_3 = 0$?

4 Matrizen 2

Aufgabe 34

Bestimmen Sie die reellen Parameter p, q, r so, dass die Matrizen

$$\underline{M} = \begin{pmatrix} p & 2 & 1 \\ -1 & 1 & -q \\ r & 0 & r \end{pmatrix} \quad \text{und} \quad \underline{N} = \begin{pmatrix} p & 0 & -2 \\ -2 & 1 & 0 \\ -2 & 0 & r \end{pmatrix}$$

die Gleichung

$$2(\underline{M}^T + \underline{N}) - (\underline{N}^T + 3\underline{E}) = \underline{0} \qquad (\ \underline{E} \ \dots \text{Einheitsmatrix}\ )$$

erfüllen.

Aufgabe 35

Berechnen Sie die skalaren Größen r, s, t aus der Matrixgleichung

$$r\ \underline{E} + s\ \underline{A} + t\ \underline{A}^2 = \underline{0}$$

mit $\underline{E} = \begin{pmatrix} 1 & 0 \\ 0 & 1 \end{pmatrix}$; $\underline{A} = \begin{pmatrix} 2 & -6 \\ 3 & -7 \end{pmatrix}$; $\underline{0} = \begin{pmatrix} 0 & 0 \\ 0 & 0 \end{pmatrix}$

Aufgabe 36

a) Berechnen Sie die Matrix $\underline{X}$ aus der Gleichung $\underline{A} \cdot \underline{X} = \underline{B}$ mit

$$\underline{A} = \begin{pmatrix} 2 & 5 \\ 1 & 3 \end{pmatrix} \quad \text{und} \quad \underline{B} = \begin{pmatrix} 4 & -6 \\ 2 & 1 \end{pmatrix}$$

b) Berechnen Sie die Matrix $\underline{Y}$ aus der Gleichung $\underline{Y} \cdot \underline{C} = \underline{D}$ mit

$$\underline{C} = \begin{pmatrix} 2 & -3 \\ -1 & 4 \end{pmatrix} \quad \text{und} \quad \underline{D} = \begin{pmatrix} -2 & 4 \\ 1 & 5 \end{pmatrix}$$

Aufgabe 37

Lösen Sie das Gleichungssystem

$$\begin{aligned} 5x + 2y + z &= 4 \\ -x + y + z &= 0 \\ -3x - 2y + 2z &= 7 \end{aligned}$$

a) mit der Cramerschen Regel,

b) mit dem Gauß-Algorithmus,

c) durch Matrix-Inversion mit Hilfe der Adjunkten.

Vergleichen Sie den jeweiligen Aufwand!

Aufgabe 38

a) Gegeben sind die linearen Beziehungen (Transformationen)

$$\underline{x} = \underline{A} \cdot \underline{y}; \qquad \underline{y} = \underline{B} \cdot \underline{z}.$$

Dabei seien $\underline{A}$ und $\underline{B}$ zwei reguläre (n, n)-Matrizen und $\underline{x}$, $\underline{y}$, $\underline{z}$ $n-$dimensionale Spaltenvektoren. Ermitteln Sie die Matrix $\underline{C}$ der linearen Transformation

$$\underline{z} = \underline{C} \cdot \underline{x}.$$

b) Führen Sie die Berechnung aus Teil a) durch für die Transformationen

$$\begin{aligned} y_1 &= z_1 - z_2 \qquad & x_1 &= y_1 + y_2 \\ y_2 &= -z_1 - z_2 \qquad & x_2 &= y_1 \end{aligned}$$

Aufgabe 39

a) Es sei $\underline{A}$ =diag(a_{ii}) eine Diagonalmatrix der Ordnung 3 und $\underline{x}$ eine $(3,1)$-Matrix (ein Spaltenvektor) mit den Elementen x_1, x_2, x_3. Berechnen Sie den Ausdruck $\underline{x}^T \cdot \underline{A} \cdot \underline{x}$.

b) Wie kann man den Ausdruck $a_{11}x_1y_1 + a_{22}x_2y_2 + a_{33}x_3y_3$ in Matrixschreibweise darstellen?

Aufgabe 40

Zur Matrix $\underline{S} = \begin{pmatrix} 1 & 0 & 0 \\ 0 & -1 & 0 \\ 0 & 0 & -1 \end{pmatrix}$ soll eine Matrix $\underline{A}$ gefunden werden, welche die Bedingung $\underline{A} \cdot \underline{S} = \underline{S} \cdot \underline{A}$ erfüllt.

a) Wieviele Zeilen und Spalten muss die Matrix $\underline{A}$ haben ?

b) Folgende Elemente der Matrix $\underline{A}$ seien gegeben:

$a_{11} = 1,\ a_{22} = 2,\ a_{33} = 3,\ a_{32} = -2,\ a_{23} = -4$

Berechnen Sie die übrigen Elemente von $\underline{A}$ und die Produktmatrix $\underline{P} = \underline{A} \cdot \underline{S}$.

c) Für welche Zahlen λ hat das lineare Gleichungssystem $\underline{P} \cdot \underline{y} = \lambda\, \underline{y}$ nichttriviale Lösungen ? ($\underline{y}$ ist ein Spaltenvektor mit den Elementen y_1, y_2, y_3.)

Aufgabe 41

Ein Lösungsvektor des Gleichungssystems

$$\begin{aligned} x &+ y - z = 1 \\ 2x &+ ?y + 2z = 3 \\ x &+ 2y + 3z = 2 \end{aligned} \qquad \text{ist} \qquad \begin{pmatrix} 5 \\ -3 \\ 1 \end{pmatrix}$$

a) Bestimmen Sie den unleserlichen Koeffizienten.

b) Geben Sie die Lösungsmenge des Gleichungssystems an.

Aufgabe 42

Untersuchen Sie den Rang der Matrix $\underline{A} = \begin{pmatrix} -1 & -4 & 2 \\ 1 & -2 & 4 \\ k & -3 & 3 \end{pmatrix}$

in Abhängigkeit vom reellen Parameter k. Was bedeutet das Ergebnis für die Lösbarkeit des Gleichungssystems $\underline{A} \cdot \underline{x} = \underline{0}$?

Aufgabe 43

Bestimmen Sie den Rang der beiden Matrizen

$$\underline{A} = \begin{pmatrix} -1 & 2 & 4 \\ 3 & 5 & 2 \\ 5 & 1 & -6 \end{pmatrix} \quad \text{und} \quad (\underline{A}; \underline{b}) = \begin{pmatrix} -1 & 2 & 4 & -3 \\ 3 & 5 & 2 & -2 \\ 5 & 1 & -6 & 4 \end{pmatrix}$$

und diskutieren Sie die Lösbarkeit des Gleichungssystems $\underline{A} \cdot \underline{x} = \underline{b}$.

Aufgabe 44

Bestimmen Sie den Rang der folgenden Matrizen

a) $\underline{A} = \begin{pmatrix} 1 & 2 & 3 \\ 2 & 3 & 1 \\ 3 & 1 & 2 \end{pmatrix}$ b) $\underline{B} = \begin{pmatrix} 1 & -2 & 6 \\ 2 & 4 & 1 \\ 3 & 2 & 7 \end{pmatrix}$

Aufgabe 45

Bestätigen Sie die Gültigkeit der Rechenregel $(\underline{A} \cdot \underline{B})^{-1} = \underline{B}^{-1} \cdot \underline{A}^{-1}$ für die Matrizen

$$\underline{A} = \begin{pmatrix} 1 & 2 \\ -1 & -4 \end{pmatrix} \quad \text{und} \quad \underline{B} = \begin{pmatrix} 0 & -2 \\ 1 & 3 \end{pmatrix}$$

Aufgabe 46

Ermitteln Sie die inversen Matrizen durch elementare Zeilenumformungen:

a) $\underline{C} = \begin{pmatrix} 1 & 1 & -1 \\ 2 & 1 & 0 \\ 1 & -1 & 1 \end{pmatrix}$ b) $\underline{D} = \begin{pmatrix} 1 & -2 & 1 \\ -2 & -1 & 3 \\ 1 & 3 & -1 \end{pmatrix}$

5 Anwendungen

Aufgabe 47

Gegeben ist die Matrix $\underline{M} = \begin{pmatrix} 2 & 0 \\ 0 & 2 \end{pmatrix}$.

a) Welche Eigenschaft hat die Abbildung $\underline{x}^* = \underline{M} \cdot \underline{x}$?

b) Ermitteln Sie das Bild des Dreiecks mit den Eckpunkten $A(1/1)$; $B(4/1)$; $C(3/2)$ unter der Abbildung $\underline{x}^* = \underline{M} \cdot \underline{x}$.
Skizzieren Sie Dreieck ABC und Bilddreieck $A^*B^*C^*$

Aufgabe 48

Gegeben ist die Matrix $\underline{A} = \begin{pmatrix} 3 & 3 \\ 3 & -5 \end{pmatrix}$.

Untersuchen Sie das zugehörige Eigenwertproblem $\underline{A} \cdot \underline{x} = \lambda \underline{x}$ in folgenden Teilschritten:

a) Schreiben Sie das Gleichungssystem ausführlich an.

b) Ermitteln Sie die Eigenwerte λ_1, λ_2.

c) Bestimmen Sie die zugehörigen Eigenvektoren $\underline{x}_1$, $\underline{x}_2$.

d) Zeigen Sie, dass diese Vektoren aufeinander senkrecht stehen.

Aufgabe 49

Die Matrix $\underline{B}$ besitze die beiden (einfachen) Eigenwerte $\lambda_1 = 1$ und $\lambda_2 = -1$ mit den zugehörigen Eigenvektoren $x_1 = (1, -1)$ und $\underline{x}_2 = (1, 1)$. Wie lautet die Matrix $\underline{B}$?

Aufgabe 50

Im skizzierten Netzwerk sind die Widerstände $R_1, R_2, \ldots R_5$ und die Spannungen U_1, U_2 gegeben. Stellen Sie mit Hilfe der Kirchhoffschen Regeln ein Gleichungssystem für die unbekannten Ströme I_1, I_2, I_3 auf und ermitteln Sie diese Ströme.

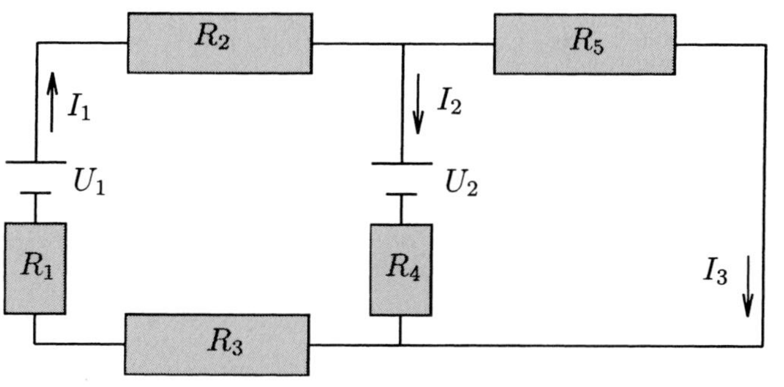

6 Ergebnisse

1) $\underline{X} = \begin{pmatrix} 3 & 3 \\ -3 & 1 \end{pmatrix}$

2) $\underline{X} = \frac{1}{11} \begin{pmatrix} 5 & 6 \\ -2 & 1 \end{pmatrix}$; $\underline{Y} = \frac{1}{11} \begin{pmatrix} 2 & 9 \\ -3 & -4 \end{pmatrix}$

3) $\underline{A} = \begin{pmatrix} 2 & 0 & 0 \\ 3 & 3 & 1 \\ 4 & 4 & 4 \end{pmatrix}$ 4) $\underline{A} = \begin{pmatrix} 1 & 4 & 2 & 4 \\ 4 & 1 & 4 & 2 \\ 3 & 4 & 1 & 4 \\ 4 & 3 & 4 & 1 \end{pmatrix}$ 5) $s = 4$

6) a) $\begin{pmatrix} 2 & 4 & 6 \\ 1 & 2 & 3 \\ 3 & 6 & 9 \end{pmatrix}$ b) (13) c) existiert nicht

d) $\begin{pmatrix} 8 \\ 9 \end{pmatrix}$ e) existiert nicht f) $\begin{pmatrix} 15 \\ 1 \\ 3 \end{pmatrix}$

g) existiert nicht h) existiert nicht i) $\begin{pmatrix} 0 & 4 & 3 \end{pmatrix}$

k) existiert nicht l) $\begin{pmatrix} 1 & 0 & 0 \\ 0 & 1 & 0 \\ 0 & 0 & 1 \end{pmatrix}$ m) $\begin{pmatrix} 1 & 0 & 0 \\ 0 & 1 & 0 \\ 0 & 0 & 1 \end{pmatrix}$

n) existiert nicht o) existiert nicht p) $\begin{pmatrix} 3 & 8 & 9 \\ 1 & 3 & 3 \\ -1 & -2 & -2 \end{pmatrix}$

7) Beweis durch Einsetzen

8) a) $\begin{pmatrix} 5 & 2 & -1 \\ 2 & 4 & 0 \\ 0 & -3 & 2 \end{pmatrix} \cdot \begin{pmatrix} x_1 \\ x_2 \\ x_3 \end{pmatrix} = \begin{pmatrix} 1 \\ 0 \\ -4 \end{pmatrix}$ b) $\begin{aligned} 2x_1 - 3x_2 &= 3 \\ -x_1 + 5x_2 &= 2 \\ 4x_2 &= 1 \end{aligned}$

9) Beweis durch Einsetzen 10) $d_{23} = 8 - 3q$ 11) $p = q$

12) $\underline{A}^4 = \begin{pmatrix} 1 & 0 \\ 0 & 1 \end{pmatrix}$ 13) $\underline{A}^6 = \begin{pmatrix} 1 & 0 \\ 6a & 1 \end{pmatrix}$ 14) $\underline{B}^2 = \begin{pmatrix} xz & 0 & 0 \\ 0 & y^2 & 0 \\ 0 & 0 & xz \end{pmatrix}$

15) $\{p = 1,\ q = -1\}$ oder $\{p = -1, q = 1\}$

16) $\underline{B} = \begin{pmatrix} 1 & 1 \\ 0 & -1 \end{pmatrix}$ 17) $c = -6$

18) a) $x_{1,2} = \dfrac{a+c \pm \sqrt{(a-c)^2+4b^2}}{2}$; b) $y_1 = 2; y_2 = 3$;
c) $z_{1,2} = 1; z_3 = -2$

19) a) 1 ; b) 0 ; c) $-2x$ 20) a) 144 ; b) -315 21) $D = 4$

22) $x = \ln 3$ 23) $x = a\cos\alpha + b\sin\alpha$; $y = -a\sin\alpha + b\cos\alpha$

24) a) $\underline{x}_1 = \begin{pmatrix} a_{11} \\ a_{21} \\ a_{31} \end{pmatrix}$; b) $\underline{x}_2 = \begin{pmatrix} a_{12} \\ a_{22} \\ a_{32} \end{pmatrix}$; c) $\underline{x}_3 = \begin{pmatrix} a_{13} \\ a_{23} \\ a_{33} \end{pmatrix}$

Multiplikation mit den "Einheitsvektoren" liefert die Spalten der Matrix

25) Lösungen existieren für $p = -3$; alle Punkte der Geraden $3x - 2y = 1$

26) a) Schnittpunkt $S(3/0)$; b) kein gemeinsamer Punkt

27) a) eindeutige Lösung $(2 \,;\, -\frac{5}{7} \,;\, -\frac{11}{7})$ b) keine Lösung
c) unendlich viele Lösungen z.B. $(-2t + \frac{4}{7} \,;\, t \,;\, 2t - \frac{1}{7})$, $t \in R$

28) $p = -2$: Widerspruch, keine Lösung
$p = 1$: ∞ viele Lösungen $(1 - \lambda - \mu \,;\, \mu \,;\, \lambda)$, $\lambda, \mu \in R$
$p \neq 1$, $\neq -2$: eindeutige Lösung $\left(\dfrac{(p+1)^2}{p+2} \,,\, \dfrac{1}{p+2} \,,\, -\dfrac{p+1}{p+2} \right)$

29) $\underline{x} = (\lambda \,,\, -\lambda \,,\, \lambda \,,\, -\lambda \,,\, \lambda)$; $\lambda \in R$

30) a) $2p + 3q - r = 0$; b) $r = 2$ c) $\underline{x} = \begin{pmatrix} 2/3 \\ 1/3 \\ 0 \end{pmatrix} + \lambda \begin{pmatrix} -4/3 \\ 1/3 \\ 1 \end{pmatrix}$; $\lambda \in R$

31) a) $p = 0$: $\underline{x} = (\lambda \,,\, -2\lambda \,,\lambda)^T$; $\lambda \in R$
b) $p_1 = 2$; $p_{2,3} = 1$. $p = 2 \longrightarrow$ $\underline{x} = (\lambda \,,\, 2\lambda \,,\, 3\lambda)^T$; $\lambda \in R$

32) a) $a = -3$ b) $a = 2$ (∞^1Lösungen, $r = 2$) c) $a \in R \setminus \{-3,\ 2\}$

33) a) $\underline{x} = \begin{pmatrix} x_1 \\ x_2 \\ x_3 \end{pmatrix}$; $\underline{y} = \begin{pmatrix} y_1 \\ y_2 \end{pmatrix}$; $\underline{z} = \begin{pmatrix} z_1 \\ z_2 \\ z_3 \end{pmatrix}$;

$\underline{a} = \begin{pmatrix} -8 \\ 4 \end{pmatrix}$; $\underline{b} = \begin{pmatrix} 3/2 \\ -2 \\ -1 \end{pmatrix}$;

$\underline{A} = \begin{pmatrix} 6 & -5 \\ -2 & 3 \end{pmatrix}$; $\underline{B} = \begin{pmatrix} 4 & -5 & 3 \\ -2 & 3 & -1 \end{pmatrix}$;

$\underline{C} = \begin{pmatrix} 1 & -2 \\ 0 & 4 \\ 2 & 0 \end{pmatrix}$; $\underline{D} = \begin{pmatrix} 3/4 & 0 & 1/2 \\ 0 & 1 & 0 \\ 1/2 & 0 & 2 \end{pmatrix}$

b) $\underline{z} = (\underline{C} \cdot \underline{A}^{-1} \cdot \underline{B} + \underline{D}) \cdot \underline{x} + \underline{C} \cdot \underline{A}^{-1} \cdot \underline{a} + \underline{b}$

$$\Longleftrightarrow \begin{pmatrix} z_1 \\ z_2 \\ z_3 \end{pmatrix} = \begin{pmatrix} 2 & -2 & 1 \\ -2 & 5 & 0 \\ 1 & 0 & 3 \end{pmatrix} \cdot \begin{pmatrix} x_1 \\ x_2 \\ x_3 \end{pmatrix} + \begin{pmatrix} -1 \\ 2 \\ -2 \end{pmatrix}$$

c) $x_1 = \frac{8}{13}$; $x_2 = -\frac{2}{13}$; $x_3 = \frac{6}{13}$

34) $p = 1$, $q = 0$, $r = 1$

35) $r = 4\lambda$, $s = 5\lambda$, $t = \lambda$; $\lambda \in R$

36) a) $\underline{X} = \underline{A}^{-1} \cdot \underline{B} = \begin{pmatrix} 2 & -23 \\ 0 & 8 \end{pmatrix}$; b) $\underline{Y} = \underline{D} \cdot \underline{C}^{-1} = \frac{1}{5} \begin{pmatrix} -4 & 2 \\ 9 & 13 \end{pmatrix}$

37) Lösung: $x = 1$, $y = -2$, $z = 3$
Rechenaufwand bei b) am geringsten, bei c) am größten

38) a) $\underline{z} = (\underline{A} \cdot \underline{B})^{-1} \cdot \underline{x} = (\underline{B}^{-1} \cdot \underline{A}^{-1}) \cdot \underline{x}$

b) $\underline{z} = \begin{pmatrix} -1/2 & 1 \\ -1/2 & 0 \end{pmatrix} \cdot \underline{x}$

39) a) $a_{11}x_1^2 + a_{22}x_2^2 + a_{33}x_3^2$

b) $\underline{x}^T \cdot \underline{A} \cdot \underline{y}$ oder $\underline{y}^T \cdot \underline{A} \cdot \underline{x}$

40) a) 3 Zeilen, 3 Spalten

b) $\underline{A} = \begin{pmatrix} 1 & 0 & 0 \\ 0 & 2 & -4 \\ 0 & -2 & 3 \end{pmatrix}$; $\underline{P} = \begin{pmatrix} 1 & 0 & 0 \\ 0 & -2 & 4 \\ 0 & 2 & -3 \end{pmatrix}$

c) $\lambda_1 = 1$; $\lambda_{2,3} = \frac{1}{2}(-5 \pm \sqrt{33})$

41) a) $a_{22} = 3$ b) $\underline{x} = \begin{pmatrix} 0 \\ 1 \\ 0 \end{pmatrix} + \lambda \begin{pmatrix} 5 \\ -4 \\ 1 \end{pmatrix}$; $\lambda \in R$

42) Rg $\underline{A} = 3$ für $k \neq 0$; Rg $\underline{A} = 2$ für $k = 0$

43) Rg $\underline{A} =$ Rg $(\underline{A; b}) = 2$; Gl.system lösbar, ∞ viele Lösungen

44) Rg $\underline{A} = 3$; Rg $\underline{B} = 2$

45) $\underline{A} \cdot \underline{B} = \begin{pmatrix} 2 & 4 \\ -4 & -10 \end{pmatrix} \Longrightarrow (\underline{A} \cdot \underline{B})^{-1} = \frac{1}{2} \cdot \begin{pmatrix} 5 & 2 \\ -2 & -1 \end{pmatrix}$

$$\underline{B}^{-1} \cdot \underline{A}^{-1} = \frac{1}{2} \begin{pmatrix} 3 & 2 \\ -1 & 0 \end{pmatrix} \cdot (-\frac{1}{2}) \begin{pmatrix} -4 & -2 \\ 1 & 1 \end{pmatrix} = \frac{1}{2} \cdot \begin{pmatrix} 5 & 2 \\ -2 & -1 \end{pmatrix}$$

46) $\underline{C}^{-1} = \frac{1}{2} \begin{pmatrix} 1 & 0 & 1 \\ -2 & 2 & -2 \\ -3 & 2 & -1 \end{pmatrix}$; $\underline{D}^{-1} = \frac{1}{15} \begin{pmatrix} 8 & -1 & 5 \\ -1 & 2 & 5 \\ 5 & 5 & 5 \end{pmatrix}$

47) a) Streckung von O aus mit dem Faktor 2

b) Bilddreieck $A^*(2/2)$; $B^*(8/2)$; $C^*(6/4)$

48) b) Eigenwerte $\lambda_1 = 4$; $\lambda_2 = -6$

c) Eigenvektoren $\underline{x}_1 = p \cdot \begin{pmatrix} 3 \\ 1 \end{pmatrix}$; $\underline{x}_2 = p \cdot \begin{pmatrix} 1 \\ -3 \end{pmatrix}$; $p \in R$

d) Skalarprodukt $\underline{x}_1^T \cdot \underline{x}_2 = 0$

49) $\underline{B} = \begin{pmatrix} 0 & -1 \\ -1 & 0 \end{pmatrix}$

50) $I_1 = -[R_4U_1 + R_5(U_1 + U_2)] \;/\; D$

$I_2 = -[R_5(U_1 + U_2) + (R_1 + R_2 + R_3)U_2)] \;/\; D$

$I_3 = [(R_1 + R_2 + R_3)U_2 - R_4U_1] \;/\; D$

mit $D = (R_1 + R_2 + R_3)(R_4 + R_5) + R_4R_5$